AF311601

DU GENÊT,

CONSIDÉRÉ

Sous le rapport de ses différentes Espèces, de ses Propriétés et des Avantages qu'il offre à l'Agriculture et à l'Economie domestique;

PAR ARSENNE THIÉBAUT-DE-BERNEAUD.

A PARIS,

CHEZ D. COLAS, IMPRIMEUR-LIBRAIRE,
Rue du Vieux-Colombier, N° 26, faub. St-Germain.

1810.

« LA science de l'agriculture est comme l'ame de l'expérience.
» Elle ne peut estre oisive pour estre recogneue vraiment science ;
» car de quoi serviroit d'escrire et lire les livres d'agriculture, sans
» les mettre en usage ? La science ici sans usage ne sert à rien, et
» l'usage ne peut estre asseuré sans science. Comme l'usage est le
» but de toute louable entreprinse, aussi la science est l'addresse au
» vrai usage, la règle et le compas de bien faire ; c'est la liaison de
» la science et de l'expérience. » OLIVIER DE SERRES, préf. à son
Théâtre d'Agr., p. clxxxviij de l'édition in-4° en 2 volumes. Paris
an XII (1804.)

AVANT-PROPOS.

La source de toutes les prospérités est dans les champs, le point essentiel est de la découvrir et de savoir en profiter. On n'arrivera jamais à ce but tant que l'ignorance, les préjugés et la routine feront de l'Agriculture un métier, tant que l'on négligera les trésors que la bienfaisance de la nature a placés autour de nous. Jamais nous n'obtiendrons des végétaux exotiques les moyens de rendre promptement fertiles les terres jusqu'ici condamnées à la stérilité, de donner à nos bestiaux, au sein des frimas, une nourriture fraîche et agréable, et d'offrir aux pays les plus pauvres une ressource certaine et durable. Il faut des soins minutieux, il faut faire des dépenses considérables pour se livrer à leur culture exigeante, et ce n'est qu'après une longue suite d'années qu'on peut les acclimater; encore, le plus souvent, n'en obtient-on pas le plus léger avantage. Il croît sur nos pas une foule de plantes utiles, sachons en tirer parti. Revenons à nos pénates; soyons bons fils avant d'être amis, et souvenons-nous que rien ne résiste à la puissance bien entendue de l'homme, quand l'observation préside à ses travaux.

Depuis long-tems on a fait sentir ces vérités importantes, mais par une inexplicable fatalité le bien est si difficile à faire, qu'il faut sans cesse l'indiquer, si l'on veut parvenir à persuader.

Une des plantes agrestes que l'on abandonne, j'allais dire, qu'on méprise le plus, a sur-tout attiré mes regards. Je l'ai étudiée sous tous les rapports, et je viens aujourd'hui m'entretenir d'elle avec l'ami des champs, avec le cultivateur et le manufacturier. Il faut propager tout ce qui est essentiellement utile ; il faut faire naître le besoin, l'envie, la pratique des moyens d'amélioration qui sont faciles à exécuter ; il faut employer ces nombreuses friches que le peu d'épaisseur de bonne terre fait laisser sans culture, et ces plaines de sable où végètent quelques broussailles de peu de valeur. Ces rochers décharnés et cet amas de gravier qui rompent la douce harmonie de la végétation, font la honte de l'agriculture et sont la première cause de la misère de beaucoup de pays. De toutes les plantes susceptibles d'opérer cette

utile révolution , le Genêt réclame un privi-
lège , pour ainsi dire exclusif , à cause de ses
nombreuses qualités , dont, par une négli-
gence extrême, on n'a pas encore retiré tout
le profit qu'il est en notre pouvoir d'obtenir.

A la description de ce précieux arbrisseau,
je joins les particularités qui peuvent le
rendre plus intéressant encore ; je dis tous
les avantages qui résulteront de son admis-
sion dans l'économie rurale et domestique ;
je rassemble tout ce que les géoponiques,
tant anciens que modernes, ont écrit sur
l'usage que l'on peut faire de ses feuilles et
de ses fleurs, de ses graines et de son écorce,
de son bois et de ses cendres ; j'indique les
espèces indigènes au sol de la France et celles
qui y sont naturalisées depuis quelque tems ,
je fais connaître les règles de leur culture ,
les ressources qu'elles présentent, et les
moyens de les étendre davantage ; en un
mot, j'ai consulté les hommes et les livres ,
et pour ne rien omettre de ce qui doit compléter l'histoire du Genêt , je donne jusqu'à sa bibliographie.

J'ose me flatter que ce travail ne sera pas
sans utilité, c'est du moins dans cette vue
que je l'ai entrepris. S'il recueille les suffrages
des propriétaires et des cultivateurs, à qui

je le remets comme un gage de mon amour et du désir que j'éprouve de voir la prospérité briller jusque sous l'humble toit qui cache les vertus, je pourrai, dans une suite de mémoires particuliers, donner l'histoire de chacune des plantes qui constituent la famille des légumineuses.

DU GENÊT

ET

DE SES DIVERSES PROPRIÉTÉS.

§. I.

DESCRIPTION BOTANIQUE DU GENRE.

Le genre de plantes à fleurs polypétalées connues sous le nom de Genêt, comprend un grand nombre d'arbrisseaux et d'arbustes, la plupart indigènes au sol français, et se divise en deux groupes distincts, savoir : les Genêts à rameaux épineux et les Genêts absolument privés d'épines.

Le Genêt a de grands rapports avec le cytise, ce bel arbrisseau dont le feuillage et les grappes de fleurs jaunes caressent agréablement l'œil, et font tant de plaisir aux chèvres. Selon la méthode naturelle, il appartient à la famille des légumineuses ; dans le système sexuel du botaniste d'Upsal, il est inscrit à la diadelphie décandrie, et dans la méthode de Tournefort, qui prenait les caractères de ses classes de la présence ou de l'absence de la corolle ou de sa forme, il fait partie de la XXIIᵉ classe, section Iʳᵉ.

Les signes caractéristiques du Genêt sont d'avoir les feuilles alternes, toutes, ou au moins les supérieures, très-simples et à fleurs papilionnacées; le calice petit, campanulé, quelquefois à un seul lobe unilatéral qui se termine en tube par cinq petites dents rapprochées, et plus souvent labié, à cinq dents droites, dont deux forment la lèvre supérieure, et les trois autres l'inférieure; la corolle composée d'un étendard oblong, et presque en cœur, relevé ou réfléchi en dessus, de deux ailes oblongues ou concaves en dedans et un peu écartées de la carène, et d'une carène oblongue, pendante et laissant à découvert les parties de la génération; les étamines, au nombre de dix, sont réunies en un seul corps par leurs filets et terminées par des sommets simples; l'ovaire supérieur oblong, terminé en un style courbe ou montant, qui est lui-même couronné par un stigmate simple, velu longitudinalement d'un côté. Le germe devient ensuite une gousse ovale ou oblongue, souvent enflée et comprimée.

§. II.

ESPÈCES DE GENÊT.

ANTOINE-LAURENT DE JUSSIEU, considérant toutes les affinités que les végétaux ont entr'eux, et tous les degrés de rapprochement qui paraissent les plus conformes à la marche de la nature, a réuni le genre des *spartium* de LINNÆUS à celui des *genista.* J'ai suivi cette méthode comme la plus vraie , comme la seule essentiellement fondée.

On compte plus de cinquante espèces de Genêts, dont plusieurs sont employées dans l'économie rurale ou servent à la décoration des jardins.

Parmi ces différentes sortes de Genêt , je choisirai celles qui sont d'une utilité réelle ; je vais traiter , en conséquence, du Genêt commun et du Genêt des teinturiers de l'espèce non épineuse ; du Genêt d'Espagne et du Genêt épineux, appartenant au groupe de l'espèce dont les tiges sont couvertes d'épines.

1°. *Du Genêt commun.*

L'arbrisseau que l'on nomme Genêt commun ou Genêt à balais et Scornabecco, *spartium scoparium,* se trouve dans les bois , dans les plaines incultes et sablonneuses , dans les landes les plus stériles, sur les basses montagnes, excepté aux environs des Alpes où il est très-rare. Il s'élève à 1 et 2 mètres (3 et 6 pieds), et quelquefois plus du double de hauteur ; sur les montagnes de la Galice, dans des terrains chisteux, terrains qui lui conviennent par excellence, on en voit des pieds qui ont 6 à 10 mètres (20 à 30 pieds) de haut (1) ; ses nombreux rameaux sont droits,

---

(1) L. Bosc, *Voyage en Espagne, à travers les royaumes de Galice, Léon , Castille vieille et Biscaye,* inséré dans le 31e vol. , p. 448 et suiv. du *Magasin encyclopédique,* an VIII (1800.)

épars, effilés, anguleux, très-flexibles, sans
épines, et d'un vert foncé, velus dans leur en-
fance, et glabres par la suite.

Ses feuilles sont petites, vertes, alternes sur
les jeunes tiges, et communément fasciculées,
deux ou trois ensemble sur les rameaux des années précédentes. Les supérieures simples et glabres, presque sessiles; les inférieures légèrement couvertes de poils, pétiolées et ternées
avec folioles ovales-lancéolées, sans stipules;
toutes si caduques qu'on a souvent peine à en voir
après la fleuraison.

Ses fleurs, qui paraissent au mois de mai, produisent un très-joli effet, ornent la partie supérieure des rameaux; elles sont grandes, d'un
beau jaune, faiblement odorantes, disposées
presqu'en épi, portées sur des pédoncules simples,
glabres, solitaires, longs de 11 millim. (5 lig.)
ou environ. Elles sont composées d'un calice
campanulé, court, à deux lobes opposés et obtus,
dont le supérieur a deux très-petites dents à son
sommet, et l'inférieur trois dents aussi fort petites; d'un étendard grand, ovale-arrondi, obtus;
d'une carène qui se rabat et devient pendante
lors de l'entier épanouissement de la fleur. Les
pétales sont jaunes et ont une tache ovale à la
base de l'étendard, formée de plusieurs lignes
rougeâtres parallèles. Les étamines sont au
nombre de dix réunies par le bas; le pistil devient
une silique longue de 41 millimètres (1 pouce
6 lignes), comprimée, large de 9 millimètres

(4 lignes), noirâtre lors de sa maturité, glabre sur ses côtés plats, garnie de longs poils sur ses sutures, et contenant huit à douze semences globuleuses.

Le Genêt commun se sème de lui-même dans le voisinage des pieds dont les graines tombent à terre; par fois le mouvement de torsion et d'élasticité propre à ses gousses fait qu'il jette sa graine à une grande distance; c'est pourquoi, lorsqu'on veut la recueillir, il faut le faire un peu avant l'époque de sa maturité, et la laisser se compléter dans un grenier bien aéré. Cet arbrisseau n'exige aucune culture, et est très-utile sur les sols maigres; il empêche, dit Rozier, les eaux pluviales d'entraîner le peu d'humus qui existe. Les feuilles de cet arbrisseau, ses graines, les excrémens des oiseaux et des insectes qu'il attire, rendent à la terre plus que le Genêt n'en reçoit. Brûlé sur le terrain qu'il recouvre, il le fertilise et lui prépare d'excellentes récoltes.

Jusqu'ici les rameaux du Genêt commun n'ont généralement servi qu'à faire des balais, à chauffer le four ou à couvrir quelques cabanes. Ils sont très-propres à faire des liens pour la vigne, pour les espaliers, etc. Au rapport de Columelle (2) et de Pline (3), les Romains et les peuples de la Ligurie cultivaient le Genêt pour cet usage. Dans

(2) *De re rustica*, lib. IV, cap. 13.

(3) *Hist. nat.*, lib. XVI, cap. 37 et lib. XXIV, cap. 9.

certains cantons, l'on emploie ses feuilles pour litière et ensuite comme engrais.

En Allemagne et en Angleterre, on nourrit les bestiaux avec des tiges de Genêt commun. Le bœuf les mange avec avidité lorsqu'elles sont écrasées sous une presse, ou brisées au moulin à foulon ; cette nourriture l'engraisse. Les chevaux ne les dédaignent point. Quant aux moutons et aux chèvres, ils broutent avec plaisir et le plus grand soin, non-seulement les tiges, mais encore les gousses et les fleurs. La volaille recherche la semence.

On a obtenu du fil de l'écorce du Genêt à balais ; il est moins bon que celui du lin et du chanvre, mais c'est du moins une ressource annuelle dans les pays pauvres.

Sa fleur, qui charme long-tems nos yeux par sa couleur éclatante, plaît infiniment aux abeilles. *Genistæ flores apibus gratissimi*, dit le naturaliste de Vérone (4). DAMBOURNEY, qui s'occupa long-tems d'expériences sur les teintures solides de nos végétaux indigènes, a rendu le Genêt commun utile à l'art du teinturier : il en a tiré une belle laque jaune fort estimée des peintres et des enlumineurs. Les anciens recherchaient ses fleurs pour en tresser les couronnes dont ils ornaient dans les fêtes et leurs fronts et les simulacres des Dieux, sur-tout ceux du Dieu Terme (5).

---

(4) PLINIUS, *Hist. nat.*, lib. XXI, cap. 12 et 14, lib. XXIV, cap. 9.

(5) PLIN. *Hist. nat.*, lib. XXI, cap 9.

Dans les contrées méridionales de la France, qu'arrosent la Garonne, l'Adour, le Tarn, le Lot et l'Aveyron, le peuple mange en salade les fleurs du Genêt commun. En Allemagne et dans les Pays-Bas, leurs boutons et les jeunes pousses se confisent à l'eau-de-vie, ou bien au vinaigre et au sel, pour être ensuite mangés en guise de câpres, mais ils ne sont pas aussi agréables et n'ont point le goût aussi relevé. J'ai vu torréfier la semence de ce Genêt pour suppléer au café.

Cette plante est pour ainsi dire toute entière médicinale ; la pharmaceutique emploie ses fleurs, ses feuilles, ses sommités, ses rameaux, ses semences et même ses cendres. Odhelius rapporte les effets étonnans de l'emploi du Genêt à balais sur l'armée suédoise, lorsqu'ayant pris ses quartiers d'hiver en janvier 1755, elle fut attaquée d'une fièvre catarrhale épidémique. Lewis, Osbeck, Bæck, Tournefort, et mon illustre professeur Willemet, en recommandent l'usage comme apéritifs, désopilatifs et diurétiques.

Le Genêt commun est encore utile aux tanneurs, pour tanner ou corroyer les cuirs ; les tisserands l'emploient pour préparer des espèces de pinceaux à brosses, dont ils se servent pour enduire de colle de farine le tissu de leur toile ; et les balais que l'on en fait dans les campagnes, surtout où le bouleau est rare, sont d'un usage journalier très-économique.

Dans les Vosges, on brûle cet arbrisseau, et de sa cendre lessivée, on extrait de la soude ou

de la potasse qui se vend aux verriers , ce sel en-
trant dans la composition des bouteilles. Dans
d'autres cantons, on emploie son tronc à faire des
échalas qui sont très-durables.

Admis dans les jardins, cet arbrisseau produit
les plus agréables effets par l'élégance de son
port, la permanence de sa couleur verte, et
l'éclat de ses fleurs.

Sans doute, il est important de tirer le Genêt
commun de l'oubli auquel il est injustement con-
damné ; mais, tout en démontrant qu'il n'est
point, comme on l'avança, nuisible pour l'agriculture, je ne dirai pas qu'il faille s'occuper essentiellement de sa culture : il faut savoir tirer parti
de toutes les plantes qui croissent autour de nos de-
meures , et cette espèce de Genêt est du nombre
de celles qui méritent de fixer notre attention.

Dans les campagnes fertiles et agréables qui
sont aux environs de Bruxelles, et en général
dans une bonne partie de la Belgique, où l'art
du labourage fleurit depuis très-long-tems, on
emploie le Genêt commun pour le défrichement
des landes et des bruyères sablonneuses, et ce
stimulant, en portant le principe de la végétation
dans des terrains inutiles, offre en peu de tems
de nouvelles sources à l'industrie.

Le Genêt vient très-beau dans les endroits stériles ; plaçons-le sur les flancs de ces montagnes
arides et décharnées, de ces coteaux à pente
rapide que les eaux pluviales tendent incessam-
ment à dépouiller de toute espèce de végétation ;

il y jouira de la plus grande vigueur, il cachera la
plus désagréable nudité, et préparera le repeu-
plement de ces anciennes forêts que la manie
d'abattre, qu'un système mal entendu de défrichement ont fait disparaître. Coupons, réduisons
en cendres les pieds de cet arbrisseau qui se trouvent dans des terrains convenables à une culture
plus importante; cet écobuage paie avec usure le
peu de soins qu'exige l'ensemencement de ces
mêmes terrains. Mais il ne faut point, à l'instar
de quelques départemens situés à l'ouest, rendre
cette excellente méthode barbare et pernicieuse
en semant immédiatement après du blé, du seigle,
de l'orge ou de l'avoine, tant que la terre donne
une belle moisson, pour l'abandonner ensuite
comme n'étant plus d'aucune valeur. L'écobuage
est un des moyens les plus efficaces pour amender
le sol : il doit servir d'abord de préparation pour
les plantes fourragères; on sèmera la seconde
année de l'avoine, et la troisième on labourera
pour y mettre du froment : c'est le moyen, dit
ARTHUR YOUNG, d'avoir toujours de belles récoltes
et de vivifier ces cantons désolés et sauvages que
l'on désigne sous le triste nom de landes.

2°. *Du Genêt des teinturiers.*

LE GENÊT DES TEINTURIERS, *Genista tinctoria,*
que l'on nomme aussi genette, bois vert ou de
cire, petit Genêt, herbe aux teintures ou à jaunir,
genestrelle et genestrole, est un arbrisseau moins

élevé que le précédent, qui croît également sans culture dans les lieux montagneux et les prés secs, sur les collines, au bord des bois, et principalement dans les pâturages des montagnes calcaires. MILLER le dit originaire de la Grande-Bretagne.

Il ne forme communément à la campagne qu'un arbuste bas, multicaule, dont les touffes lâches sont fort agréables lorsqu'elles sont en fleurs. Dans les jardins où il est introduit, il s'élève à la hauteur de 32 à 65 centimètres (1 ou 2 pieds).

Ses tiges sont sans épines, basses, un peu couchées, ligneuses, cannelées et cylindriques; elles poussent beaucoup de rameaux droits ou montans, grêles, très-feuillés et verdâtres, presque herbacés, infiniment striés, et un peu anguleux dans leurs parties supérieures. Ses feuilles sont simples, éparses, lancéolées, aiguës, alternes, presque sessiles, légèrement velues ou ciliées sur leurs bords; stipules petites et deux à deux : les fleurs sont d'un beau jaune et naissent au sommet des rameaux en épi droit, clair, long de 54 à 81 millimètres (2 à 3 pouces), quelquefois un peu lâche, d'autres fois assez bien garni et serré ; leur calice est glabre, labié et à cinq dents, et, comme dans le Genêt commun, la carène se rabat et est pendante dès l'entier épanouissement de la fleur, qui a lieu au plus tard à la fin d'avril ou dans les premiers jours de mai.

Les gousses qui succèdent aux fleurs sont oblongues, comprimées, glabres, noirâtres,

étroites

étroites et généralement droites, par fois légèrement arquées, et contiennent sept ou huit semences réniformes.

On multiplie cette espèce par semence; on
cueille ses sommités fleuries, et les teinturiers les
emploient encore, mais plus rarement qu'autrefois, à donner une couleur jaune aux objets de peu
de conséquence. Quand on veut en garder pour la
teinture, il faut que cette plante soit cueillie en parfaite maturité, autrement elle ne se conserverait
pas; si l'on doit au contraire s'en servir aussitôt
après l'avoir cueillie, il importe peu qu'elle soit
aussi mûre. Il est probable que le Génestrole servait
aux anciens pour teindre leurs vêtemens (6).

Cet agréable arbuste mérite une place dans les
jardins paysagers; il veut être de préférence
mis au dernier rang des massifs, au milieu des
gazons, dans les interstices des rochers. On le
sème sur place, et dès la troisième année il porte
des fleurs.

Les chevaux, les bœufs, les vaches, les moutons et les chèvres mangent volontiers les jeunes
pousses de ce petit arbrisseau (7); ce qui l'a fait
nommer, principalement dans certains cantons
de l'est de la France, *herbe de pâturage*. On
a prétendu qu'il donnait au lait des vaches qui
s'en nourrissent un goût désagréable; cependant

(6) *Subeunt et in montosa tingendis vestibus nascentes genistæ.*
(PLIN.. *Hist. nat.*, lib. XVI, cap. 18.)

(7) ANDERSON'S *Essay relating to agriculture and rural affairs*,
tom. II. *Appendix* de l'édition en deux vol. in-8°. Dublin. 1779.

il est avéré que le lait est excellent, et que les meilleurs beurres se font dans les pays où le Genêt des teinturiers est extrêmement commun.

L'écorce du petit Genêt est filamenteuse, mais ce n'est point là sa qualité la plus recommandable : son peu de hauteur l'y rend beaucoup moins propre que le précédent ; aussi n'est-il pas avéré, comme on l'a dit (8), qu'il servait autrefois à faire une espèce de lin. Un fait semblable demande à être appuyé d'autorités irréfragables, et malgré toutes mes recherches, je n'ai pu en découvrir aucune.

Ses feuilles et ses fleurs sèches sont recherchées pour la pharmacie. On emploie avec succès la lessive de ses cendres dans certains cas contre l'hydropisie.

Cette espèce offre une variété plus grande et à fleurs plus nombreuses. On la nomme vulgairement GENÊT DE SIBÉRIE, *genista sibirica*. Elle est introduite depuis quelque tems dans les jardins, où elle produit un effet remarquable par la beauté de ses fleurs et l'élégance de son port. On la multiplie principalement de marcottes ou par déchirement des vieux pieds. La voie des semences est moins suivie, quoiqu'elle soit presque aussi prompte.

3°. *Du Genêt d'Espagne.*

Si le lis, la rose et la fleur d'orange se dispu-

______

(8) *Nouvelle Maison rustique,* tom. I, pag. 777, éd. in-4°. Paris, 1804.

tent le premier rang dans nos parterres , si
le platane justement vanté par les anciens ,
l'érable et l'acacia sont généralement recherchés
par l'effet pittoresque qu'ils produisent dans les
jardins paysagers , il est peu d'arbrisseaux qui
puissent le disputer et d'intérêt et d'agrément au
Genêt d'Espagne , que le prince des botanistes a
désigné sous le nom de *spartium junceum*. En
effet , ce charmant arbrisseau flatte tous les sens
par la beauté , le nombre et sur-tout par l'aimable
parfum de ses fleurs. Il forme des buissons isolés
extrêmement agréables, qui tiennent une place distinguée dans les bosquets et les massifs , dans les
parterres et sur les terrasses. Lorsque, avec cette
richesse et cette poésie de style qui n'appartient
qu'au beau siècle de la littérature italienne , Boc-
cacio (9) décrit les jardins des environs de Florence , il nomme le Genêt d'Espagne , comme
un des arbrisseaux les plus recherchés pour leur
ornement. Il croît spontanément en Espagne ,
en Portugal, en Sicile, en Italie, et depuis près
de deux siècles (10) il est devenu indigène sur les
collines sablonneuses ou rocailleuses des départemens méridionaux de la France , et plus particulièrement sur le mont Ventoux , près d'Avignon,

----

(9) Dans son *Decamerone*.

(10) Olivier de Serres , si exact quand il parle d'après sa propre expérience . en faisant mention du Genêt d'Espagne . nous prouve
bien qu'il n'était point alors connu en France ; il le confond (*Théât.
d'Agr*. liv. IX et XXIX du sixième lieu) avec une plante herbacée ,
la gaude (*reseda luteola*), dont on obtient une couleur jaune plu-
intense et plus abondante que celle du Genêt des teinturiers.

et sur une montagne très-agréable du département
de la Loire.

Le Genêt d'Espagne porte de belles tiges
droites, hautes de trente-deux centimètres jusqu'à trois mètres (1 à 10 pieds) ; ses rameaux
sont nombreux, pleins de moelle, souvent opposés, toujours cylindriques, flexibles, revêtus
d'épines vertes jusqu'à leur sommité, et assez
semblables aux tiges de plusieurs espèces de jonc ;
son bois est filamenteux et jaunâtre ; ses feuilles
sont rares, glabres, sessiles, adhérentes à
la tige en forme de lance, arrondies à leur
sommet et la plupart alternes ; par fois il s'en
trouve quelques-unes qui sont presque opposées.

Ses fleurs d'un jaune éclatant sont très-grandes,
disposées le long et à l'extrémité des tiges en
grappes droites, nues et un peu lâches ; elles
paraissent en juin, se succèdent quelquefois
jusqu'à la fin de l'été, répandent une odeur suave,
sur-tout au soleil levant, et sont composées d'un
calice membraneux, très-velu, presqu'entier,
ouvert obliquement, qui s'avance d'un côté,
présentant un seul lobe inférieur dont le sommet
est à quatre ou cinq petites dents conniventes ;
d'un étendard large et relevé ; d'une carène pointue
se réfléchissant avec élasticité, et laissant les organes sexuels à découvert. A ces fleurs succèdent
des gousses linéaires, comprimées, longues de
soixante-huit à quatre-vint-un milimètres (2 p.
6 lignes à 3 pouces), qui portent quelques
poils épars dans leur jeunesse, et deviennent gla-

bres en vieillissant. Elles contiennent environ douze semences presque réniformes qui mûrisent en automne.

Rozier n'a parlé de cet arbrisseau que sous le rapport de l'agrément : on l'emploie aussi à des usages économiques dont la connaissance devrait être générale dans tous les pays secs, arides et par conséquent peu fertiles ; mais c'est une singularité bien inexplicable dans les annales de l'industrie, les procédés les plus utiles sont toujours les plus long-tems à se répandre. Je ne dirai point que le Genèt d'Espagne possède les mêmes qualités médicinales que le Genèt commun, que l'on confit de même ses fleurs lorsqu'elles sont encore cachées dans le bouton, que l'huile préparée par infusion avec les fleurs a la propriété de résoudre les tumeurs ; je dirai seulement qu'il est l'objet d'une culture assez importante dans presque tous les villages et hameaux des Cévènes (11) ; qu'en Espagne et dans la Toscane, on retire de son écorce une filasse très-propre à fabriquer une toile de bonne qualité, du papier et des cordages de longue durée. Les auteurs géoponiques anciens ont fait mention de ce fil du Genèt d'Espagne, et Broussonet, chez les Français, est le premier qui ait parlé de son emploi (12).

_____

(11) Fouzille, Celles, Lauzières, Olmet, Sallelle, la Vallette, Puech, Bose, etc., villages ou hameaux situés aux environs de Lodève, ont été les premiers en France à cultiver le Genèt d'Espagne.

(12) En 1785. Voyez ses *Observations sur la culture du Genèt d'Espagne*.

De tems immémorial (13) on fait, en Asie, des filets excellens pour la pêche avec ce fil, qui prend très-facilement toutes les couleurs qu'on veut lui imprimer. Les Espagnols ont eu des chaussures de Genêt tissu; l'on en voit encore chez les Indiens et chez les Chinois. Les anciens Romains se servaient de cet arbrisseau pour tresser des corbeilles, ainsi que nous l'apprend Columelle.

Le Genêt d'Espagne vient très-bien dans les lieux les plus arides, et comme ses racines pivotent et s'étendent même fort loin, il réussit sur les coteaux les plus en pente, formés par un sol pierreux, où presqu'aucune autre plante ne peut végéter. Il s'acclimate aisément aux environs de Paris, et exige peu de soin pour sa culture. Lorsqu'il se trouve dans une bonne terre, il pousse vite, et quand on a l'attention de le sarcler souvent et biner de tems en tems, il porte des fleurs doubles, qui conservent autant d'odeur que les fleurs simples. Mais comme cette variété ne donne point de graines, on la perpétue en la greffant par approche et en écusson sur un autre Genêt.

La meilleure manière de se procurer du Genêt d'Espagne, est par graine; on la sème en janvier dans des caisses. A la fin de l'année, on met en terre et à l'exposition du levant les jeunes plantes qui en sont provenues, en observant de ne pas

---

(13) *Asia è genista facit lina ad retia præcipua, in piscando tertia.* (Plin., *Hist. nat.* lib. XIX, cap. I.)

casser le pivot , ce qui est très facile. Cet arbrisseau reprend difficilement même dans les jardins
où on le cultive avec soin, sur-tout s'il a déjà une
certaine grosseur. Après la transplantation , il
faut couper la tige à 27 millimètres (1 pouce)
de terre , afin qu'elle tale en petites branches.
On en fait des bordures , des haies peu élevées ,
des enclos particuliers et des espèces de remises
pour nourrir , pendant l'hiver , les cerfs , les
chevreuils et les lapins qui l'aiment sur-tout avec
passion. Au bout de six ans , on doit couper entièrement la souche , pour qu'elle repousse de
nouveau. Par ce moyen , le Genêt d'Espagne
dure très-long-tems, et fournit toutes les années
des rameaux assez longs. Il redoute les hivers
très-rigoureux.

Les abeilles recherchent beaucoup ses fleurs ,
parce qu'elles contiennent en assez grande
abondance une substance miellée. Ses rameaux
peuvent suppléer l'osier dans le plus grand
nombre de cas où il s'emploie comme lien ; ils
servent encore en hiver de nourriture aux moutons et aux chèvres. Ces animaux , depuis le mois
de novembre jusqu'aux beaux jours de mai, n'ont
presque pour tout fourrage que de la paille et du
foin ou des feuilles d'arbres sèches (14) ; les ra-

----

(14) En Italie , les feuilles d'arbres sont un des principaux articles de la nourriture des bestiaux durant l'hiver. Les marchés de
Rome sont abondamment fournis de viande de bœufs d'une excellente qualité , nourris pendant la mauvaise saison de navets et de
feuilles. Pour conserver ces feuilles vertes et fraiches , on les ra-

meaux de Genêt deviennent donc alors une ressource d'autant plus précieuse , que c'est la seule
nourriture fraîche qu'on puisse leur procurer
dans cette mauvaise saison.

Quand les moutons mangent exclusivement et
pendant long-tems une trop grande quantité de
Genêt d'Espagne, ils sont quelquefois attaqués
d'une maladie, appelée la *ginestade* dans la partie méridionale des Cévènes dite *les Ruffes,* dont
le principal caractère est une inflammation des
voies urinaires ; elle n'est point contagieuse,
n'exerce ses ravages que sur un très-petit nombre
d'individus, et il est aisé de les en garantir. Le
traitement de cette maladie se borne à des bois-
sons rafraîchissantes et au changement de nourriture, ou seulement au mélange de ce fourrage
avec un autre. Elle ne peut être confondue avec
aucune autre maladie. Les gousses , sur-tout
quand elles sont sèches, paraissent influer plus
particuliérement que les feuilles sur le développement de cette maladie.

---

masse vers la fin de septembre , au moment de la plus forte chaleur
du jour ; on en étend un lit très-mince sur un endroit pavé et bien
exposé au soleil ; on les laisse durant trois ou quatre heures , après
quoi on les entasse dans des tonnes de bois très-serrées , et on les
couvre avec soin d'un lit épais de sable ; par ce moyen, et en les
recouvrant toutes les fois que l'on s'en sert, on conserve les feuilles
fraîches jusqu'à la fin de l'hiver. Dans quelques cantons , on creuse
une fosse très-profonde , et lorsqu'elle est à moitié remplie de feuilles,
on met dessus un lit d'environ soixante-cinq centimètres (2 pieds)
d'épaisseur de grappes de raisin ; par-dessus ce lit des feuilles de la
même épaisseur, et ainsi de suite ; le tout recouvert avec de la paille
et tous les moyens d'empêcher la pénétration de l'air.

En Toscane, on nourrit la volaille avec les semences du Genêt d'Espagne; les poules, les perdrix, etc., en sont très-friandes. Mais il faut avoir l'œil à leur qualité ; lorsqu'elle elle est malfaisante, elle se reconnaît à une odeur vireuse qui s'en exhale.

4°. *Du Genêt épineux.*

CETTE plante, que l'on nomme indistinctement GENÊT ÉPINEUX, ajonc, vigneau, sainfoin d'hiver, genêt blanc, ginestrone, petit houx à jonc, jaumarin, lande ou landier, brusque, et même très-improprement sainfoin d'Espagne, *ulex europæus,* est un des arbrisseaux les plus communs dans les terrains stériles, le long des routes, et se trouve dans presque toutes les plaines de la France, où il s'élève à la hauteur d'un mètre (3 pieds 6 pouces) au plus. En Espagne, et sur-tout aux environs de la Corogne (15), il parvient jusqu'à 5 et 7 mètres (16 à 22 pieds). Il est d'un aspect pittoresque qui contraste singuliérement avec sa physionomie âpre, et le grand nombre de ses rameaux diffus, serrés et hérissés d'épines vertes et roides. Ses feuilles sont étroites, simples, alternes, éparses, petites, persistantes, velues,

---

(15) « Le bois que l'on consomme *dans ce pays* pour le chauffage
» se réduit au sarment, aux bruyères et à l'ajonc ; ce dernier est
» d'une telle grosseur sur ces montagnes, que je ne pouvais le recon-
» naître au marché où on l'apporte dépouillé de ses feuilles. J'en ai
» vu de plus d'un décimètre (4 pouces) de diamètre, et d'une hau-
» teur de plusieurs mètres. » (BOSC, *Voy. en Espagne*, p. 454.)

linéaires, molles lorsqu'avec le printems elles paraissent sur les tiges naissantes ; mais à proportion qu'elles se fortifient, elles durcissent et deviennent en vieillissant des épines très-aiguës
qu'on ne peut braver impunément. La multitude
de fleurs d'un jaune d'or dont cet arbrisseau se
couvre en mai et jusqu'en octobre, cachent l'hor-
reur de ses épines et en font un buisson fleuri
d'une grande beauté. Ces fleurs sont pédonculées,
solitaires dans les aisselles supérieures, et disposées comme en bouquets aux extrémités des rameaux. Elles ont un calice de deux feuilles ovales,
concaves, colorées et caduques ; une corolle papi-
lionacée, composée de cinq pétales irrégulières,
de dix étamines réunies par leurs filets en une
membrane qui enveloppe le pistil, et un ovaire
oblong, velu, chargé d'un stile simple et redressé.

Le fruit du Genêt épineux est une gousse oblongue, un peu enflée, uniloculaire et bivalve. Les
semences qu'elle contient, quelquefois jusqu'à
dix, sont petites, luisantes, obrondes et tron-
quées ; elles ressemblent à celles du grand trèfle à
fleurs pourpres, et par la forme et par la couleur,
mais elles sont le double plus grosses. L'époque
de leur maturité varie singuliérement selon le cli-
mat, l'exposition et la nature du terrain. Dans les
pays méridionaux, elle a lieu dès le commencement de juillet ; dans les pays plus au nord, vers
la mi-octobre. Mais, en général, cueillies trop
tôt, elles sont maigres et de couleur verte ; trop
tard, elles sont presque noires et ont une consis-

tance dure et cassante. Pour faire cette cueillette, dans quelques cantons, des femmes, garanties par de forts jupons, entrent dans la génetière, placent sous les tiges un tamis ou un vase, frappent légérement avec une baguette l'extrémité des rameaux et font tomber les graines parfaitement mûres. La perte du tems, les frais que cette méthode exigent, sont compensés par la bonne semence que l'on obtient.

Quoique le Genêt épineux ne vienne pas également bien dans tous les sols, qu'il languisse dans les bonnes terres à froment de la Beauce (16), et qu'il semble rechercher de préférence les sables gras et humides, cependant l'expérience a démontré qu'il est peut-être la seule plante qui ait l'aptitude de mettre à contribution le moindre volume de sucs végétaux que renferme un terrain indocile, je dirai même aride pour la triste bruyère. En voici la preuve la plus frappante. Sainte-Hélène, cette île de l'Atlantique si favorable pour les relâches, au défaut du cap de Bonne-Espérance, fut abandonnée par les Portugais, peu de tems après sa découverte (17), à cause de la totale stérilité de ses rochers nus, de ses sables brûlans. Les Hollandais s'en emparèrent; ils y semèrent du Genêt

----

(16) Ce fait avancé par DUHAMEL, dont la vie toute entière fut consacrée à l'agriculture, est contredit par ET. CALVEL qui pense que l'auteur du *Traité des arbres* n'a point donné, à cet égard, à ses expériences, ni le soin, ni la suite qu'il mettait à d'autres qui l'intéressaient sans doute davantage. (*Mém. sur l'ajonc*, p. 25.)

(17) Elle fut découverte le 18 août 1502, par DON JUAN DE NOYA.

épineux après avoir inutilement tenté beaucoup
d'autres essais, et bientôt leur infatigable constance vit les tristes plages de cette petite île, jusqu'alors brûlés par les feux du tropique, se chan-
ger en de fertiles et riantes prairies, ses montagnes se couvrir de verdure, de toutes sortes de
grands arbres, et des forêts d'orangers, de citron-
niers, remplir ses vallons et ses coteaux.

Le Genêt épineux est depuis long-tems estimé
comme un excellent fourrage : c'est l'hiver seulement qu'on le donne aux bestiaux ; ses tiges conservent leur verdure ; on les coupe chaque jour et
on les administre fraîches, après les avoir, comme
en Angleterre, écrasées sous une meule de bois
roulée par un cheval ; ou, comme dans plusieurs
endroits de la France, battues avec un maillet en
bois ou passées sous un cylindre. Des cultivateurs le coupent dès qu'il commence à entrer en
végétation ; ils laissent faner ses nouvelles pousses
comme la luzerne, le foin et autres plantes fourragères, et font ainsi trois, quatre, jusqu'à six récoltes dans l'année. Tous les animaux domes-
tiques mangent le Genêt épineux avec plaisir ; les
chevaux sur-tout en font leur aliment favori. Il les
engraisse, même en travaillant, leur donne un
poil luisant et fortifie beaucoup les poulains. On
assure même que lorsqu'ils en font un usage habi-
tuel, ils sont préservés de la pousse, de ce spasme
des organes de la respiration qui n'est qu'un commencement de phthisie pulmonaire. Querbrat-
Galloet assure que ce fourrage a plus de corps

et de substance que le foin et la paille, et qu'il est aussi bon que le sainfoin, le plus nutritif des fourrages. Les vaches, les ânesses et les brebis en sont très-friandes; leur lait en acquiert d'excellentes qualités et est très-abondant. Cinquante-un ares (1 arpent) de terre médiocre, semés de Genêt épineux, suffisent pour nourrir pendant une année entière une vache, sans addition d'aucune autre nourriture; ce que l'on ne pourrait pas faire avec cent vingt-huit ares (2 arpens et demi) de bon pré. Cet arbrisseau est une grande ressource dans les pays qui sont assez misérables pour être privés de pâturages, ou qui n'en ont pas à proportion de leurs besoins, tels que les sables de la Sologne, le département des Landes, etc., où il croît naturellement; il remplace avec avantage les autres fourrages quand ils sont rares, et empêche dans la saison morte les transitions trop brusques de la nourriture verte à la nourriture sèche, si nuisible à la santé des bestiaux. J'ai suivi, avec quelqu'attention, dit CRETTÉ-DE-PALLUEL (18), les détails de la dispensation de ce fourrage en Normandie, en Bretagne, dans le Maine et le Poitou, où cet arbrisseau forme une branche considérable de la nourriture des bestiaux. Au lieu de maillets et de billots, j'ai vu dans le Bocage (département de la Vendée), se servir de meules à cidre pour écraser les piquans, ce qui est bien plus expéditif. On tond ordinaire-

____

(18) *Traité sur les prairies artificielles*, p. 117.

ment deux fois les souches du Genêt épineux ; la première coupe se fait à l'entrée, et la seconde vers la fin de l'hiver. On prévient toujours l'instant de la fleuraison, afin que les tiges soient moins dures, et sur-tout les aiguillons plus faciles à émousser.

DUQUESNOY (19) ne croit pas que ce fourrage soit d'une qualité bien supérieure pour les bêtes à laine ; elles le mangent cependant avec avidité, et l'on a remarqué que celles qui s'en nourrissent en totalité, ou même en partie, ne sont presque jamais malades.

Le Genêt épineux se multiplie de lui-même par la facilité qu'ont ses gousses de s'ouvrir à l'époque de la maturité. Lorsqu'on veut le semer, il faut que la semence soit nouvelle et pas trop mûre, et choisir l'automne de préférence au printems pour cette opération. Sa graine lève dans l'espace de quinze à vingt jours. Dans les départemens de la Loire-Inférieure, du Morbihan, du Finistère, des Côtes-du-Nord et d'Ille-et-Vilaine, on le sème avec de l'avoine et du blé de mars; dans certains cantons de la Vendée, on fait venir de très-beaux seigles sur les défrichis de Genêt; dans d'autres on le fait pourrir, et il en résulte d'excellens fumiers, ou bien l'on distribue cette plante desséchée, par poignée continue sur les champs; on y met le feu, et il en résulte une cendre saline

---

(19) *Mém. sur l'éducation des bêtes à laine*, ch. III. — In-8°. — Nanci, 1793.

qui produit de très-bons effets quand on a soin de la mélanger avec la terre au moyen des labours.

Dans quelques cantons du nord, on met les tiges, munies ou non de leurs feuilles, dans des trous jusqu'à ce qu'elles soient décomposées. Alors, au moyen d'une bêche, on les coupe par morceaux, on les pétrit avec de la bouse de vache, et l'on en forme des espèces de gâteaux qui, desséchés, servent d'aliment au feu.

Sur les montagnes de la Galice, dans les contrées de l'ouest de la France, où les bois sont rares, et plus particulièrement dans cette partie du département de la Seine-Inférieure, qui est la plus voisine de la mer, et située entre le Hâvre et Dieppe, on sème des champs entiers de Genêt épineux, dont on fait des fagots pour la cuisson du pain et des autres alimens, du plâtre, de la chaux, des briques et d'autres chauffages; ils fournissent beaucoup de chaleur.

Lorsqu'il est parvenu à un âge avancé, on coupe les tiges le plus bas possible avec des serpes recourbées; à cet effet, l'ouvrier est armé de la main gauche d'une moufle ou gand de peau fort épaisse; il recouvre l'autre d'une enveloppe aussi de cuir pour appuyer, sans se blesser, sur la bourrée, quand il la lie.

Dans le midi, l'on se sert du Genêt épineux pour caréner les vaisseaux : cet usage remonte à la plus haute antiquité. HOMÈRE (20) nous dit que

---

(20) *Iliad*. B. 135. — Plusieurs auteurs ont cru reconnaître dans le texte du prince des poëtes, les uns le sparte que les Américains.

c'est avec le tissu filamenteux (σπάρτα) de cette plante que les Grecs joignaient ensemble les ais de leurs bâtimens. Ils avaient, sans doute, emprunté cette pratique aux peuples de l'Asie.

Mais c'est sur-tout comme clôture naturelle que les plantations du Genêt épineux doivent être encouragées. GILBERT le recommande pour former des haies ; elles sont, à la seconde année, impénétrables à l'homme et aux animaux.

Dans quelques pays, on emploie des fagots de Genêt épineux pour former des enceintes autour de certaines pièces voisines des fermes, et sur-tout autour des meules de grains, afin de les mettre pendant l'hiver à l'abri des animaux. On établit à cet effet une tranchée de 48 centimètres (18 pouces) de large, et de 16 centim. (6 pouces) de profondeur. Les fagots sont placés le plus près possible les uns des autres, debout dans cette espèce de fossé, et leur base est écartée un peu pour qu'ils tiennent mieux. On recouvre la partie enterrée avec la terre qu'on a retirée de la tranchée ; on y ajoute celle de deux autres petites tranchées de la largeur d'un fer de bêche, faites

---

les Espagnols, les Portugais, et plusieurs cantons de la France méridionale, retirent de l'Agavé (*Agave americana*) ; les autres le jonc épars (*juncus effusus*) dont on se sert pour faire des cordages, des liens, ou pour tresser de petites corbeilles. Ils eussent évité cette erreur s'ils eussent pris la peine de lire PLINE (*Hist. nat.* lib. XIX, cap. 2.) Ce savant naturaliste nous apprend qu'on n'a commencé à employer le jonc que plusieurs siècles après la guerre de Troie, et que son usage ne remonte pas avant la première guerre que les Carthaginois firent en Espagne, c'est-à-dire, selon la remarque du P. HARDOUIN, avant la seconde guerre punique.

de

de chaque côté; l'on tasse ensuite avec soin et en piétinant la terre mise autour des fagots; on nivelle les tranchées ainsi que les bords avec la pelle. Des clôtures de cette espèce, lorsqu'elles sont bien faites, durent plusieurs hivers, même dans les lieux qui ne sont point abrités; elles suffisent pour empêcher toute espèce de bétail, même les cochons et les lièvres, de pénétrer dans l'enceinte que l'on veut garder. Les fagots, après avoir ainsi servi pendant quelque tems, sont encore très-bons à brûler.

On peut évaluer la dépense de l'établissement de pareilles clôtures à raison de 60 à 75 centimes par chaque 6 mètres (18 pieds 6 pouces) de longueur.

Dans le Norfolckshire on a une manière toute particulière de semer le Genêt épineux sur les fossés de clôture. Deux hommes sont nécessaires pour cette opération, l'un armé d'une pelle ou d'une bêche et l'autre d'un balai et d'une bouteille de verre ordinaire, garnie d'un bouchon de bois percé de la grosseur d'un tuyau de plume de cygne, le bout d'en bas très-arrondi. Le premier fait avec sa pelle une rigole de 54 à 81 millimètres (2 à 5 pouces) de profondeur, et à la hauteur des deux tiers environ de celle du fossé. Le second y répand la semence qu'il fait couler par le trou du bouchon. Cela fait, le premier de ces ouvriers, afin de réparer les crevasses et les brèches faites à la banquette ou face du fossé en ouvrant la rigole, unit et raffermit la terre avec **le**

C

dos de sa pelle au-dessus et au-dessous de cette tranchée qu'il laisse ouverte à dessein ; tandis que l'autre avec son balai qu'il passe sur la partie supérieure à la rigole, fait tomber la terre meuble qui vient y recouvrir la semence, sans cependant remplir la rigole, afin que les jeunes plantes lèvent avec facilité, et qu'elle puissent encore recevoir et retenir les eaux pluviales. La seule chose à craindre c'est l'éboulement de la terre de la banquette ; par cette raison, il ne faut point tenir le talus trop roide ; en le faisant, il est bon d'y pétrir de la graine de gazon dont les racines retiennent la terre de la surface.

Le Genêt épineux peut être encore employé à garantir les bords des rivières, et à empêcher que de grands espaces de riche terrain ne soient convertis en graviers stériles. En Hollande, on fait les digues avec des fagots de toute espèce, mais cette dépense est inouïe ; au lieu qu'en Angleterre, avec beaucoup moins de frais et une grande économie de pierres, on construit, depuis quelques années, des levées et des digues très-solides au moyen des réseaux que forment les branches et les piquans du Genêt épineux. On élève d'abord un mur perpendiculaire très-mince, en maçonnerie ou en planches de 54 millimètres (2 pouces) d'épaisseur. Ce mur est appuyé, du côté extérieur, contre une levée de Genêt épineux, entremêlée de gravier ; et le long de son sommet, on place un gros arbre qui se trouve de niveau avec la partie la plus haute de la levée. Ce mur ne peut être endommagé par le poids de l'eau ou par la force du courant, puisqu'il est soutenu par la levée contiguë qui a 5 à 6 mètres (15 à 20 pieds) d'épaisseur; et la pression de la terre ou du gravier ne peut le renverser, parce que leur poids est suspendu par des entrelacemens de Genêt. La digue est inébranlable dès que l'arbre qu'on a mis au sommet du mur est bien affermi.

Cependant MILLER et sur-tout MARSHAL, à qui l'on doit un traité fort étendu sur les clôtures (21), paraissent bien éloignés d'approuver les haies de Genêt épineux, à moins qu'elles ne soient bien gouvernées; ils reprochent à cet arbrisseau de se dépouiller par le bas en proportion qu'il s'élève, et de former insensiblement des clairières par lesquelles les braconniers, les maraudeurs et les bestiaux passent aisément; mais il est facile d'y remédier en ayant soin de croiser les branches latérales, de couper celles qui tendent à monter trop haut, et de les tresser ensemble aussi bas que la flexibilité des tiges peut le permettre. La sève alors reflue pour garnir davantage la partie inférieure, et les clôtures, formées en espèce de réseau, deviennent absolument impénétrables aux petits animaux. Ensuite, pour rompre l'uniformité de la ligne, comme dans le Yorckshire, province de l'Angleterre, on place de distance en distance

___

(21) Il est inséré dans son *Voyage agronomique en Angleterre*, tome III, chap. 3, p. 270 et suiv.; chap. 4, p. 336 et suiv. de la traduction française donnée en 5 vol. in-8°. Paris, 1806.

un plant d'acacia très-épineux (*robinia ferox*),
de néflier (*mespylus oxyacantha alba*), de
févier à trois pointes (*gledithsia triacanthos*),
ou de tout autre arbre épineux.

Les buissons toujours verts du Genêt épineux,
l'éclat et la longue durée de ses belles fleurs, l'ont
fait introduire dans les jardins d'agrément et sur-
tout dans les bosquets d'hiver. Cette dernière propriété est d'autant plus intéressante, qu'elle est
très-rare parmi les arbres dont la verdure est per-
pétuelle.

Le Genêt épineux n'offre réellement aucune
variété; MILLER a reconnu que celles admises par
quelques jardiniers viennent toutes des mêmes
semences. Les feuilles plus ou moins couvertes
de poils, les épines plus ou moins acérées, n'au-
torisent point à multiplier, sans aucun objet
d'utilité, le nombre des variétés.

Il croît, dans les Pyrénées, les Landes, et dans
les lieux sablonneux des environs de Fontaine-
bleau , une petite espèce de Genêt épineux
que LINNÆUS a désignée sous le même nom
que la précédente, mais que j'appellerai, avec
THORE (22), *ulex autumnalis*, parce qu'il fleurit
d'ordinaire au printems et refleurit souvent à
l'automne. Les branches de l'ajonc nain sont plus
étalées , les épines plus courtes, les fleurs plus
petites que dans la grande espèce. Je doute qu'il
puisse servir aux mêmes usages.

----

(22) *Essai d'une Chloris du département des Landes*. 1 vol. in-8°.
Dax , an XI (1803.)

Remarques sur quelques autres espèces de Genêt.

En décrivant les quatre principales espèces de Genêt, je n'ai point entendu que l'on doive négliger la culture des autres; j'ai lieu de croire, au contraire, que toutes offrent les mêmes principes, ainsi que les mêmes propriétés. J'ai dû m'arrêter plus particulièrement aux premières, comme étant les plus répandues et celles qui furent l'objet d'un plus grand nombre d'essais; mais, parmi les secondes, je désirerais pouvoir fixer l'attention sur les suivantes :

1°. Le Genêt herbacé, que l'on nomme encore Genêt à tige ailée ou génistelle, *genista sagittalis*. Cette plante, fort singulière, très-propre à nourrir le bétail, habite communément les sols arides et principalement ceux qui sont calcaires, le bord des bois, les prés secs et montagneux. De sa racine s'élèvent plusieurs tiges presque herbacées, hautes de dix-huit à vingt-quatre centimètres (7 à 9 pouces); rarement elles arrivent à trente-deux centimètres (1 pied), et ne les dépassent jamais. Elles sont divisées en branches nombreuses, demi-couchées à leur base, bordées dans toute leur longueur, sur les deux côtés opposés, d'une aile ou membrane décurrente, verte, qui forme deux ou trois saillies courantes, et rétrécie d'espace en espace, en manière d'articulation ; elles sont légèrement couvertes de poils blancs, garnies de feuilles simples, ovales, sessiles, en forme de lance, distantes, et sans pétiole. En mai et juin, des fleurs, semblables à celles des pois, naissent à leur extrémité supérieure, disposées en petites grappes épaisses : ces fleurs, d'un jaune pâle, ont le calice velu, labié, quinquéfide, avec deux brachtées linéaires à sa base. Le légume qui leur succède est noirâtre, comprimé, et contient trois à quatre semences environ qui mûrissent en septembre.

On peut employer le Genêt à tige ailée à former des buissons dans les jardins d'agrément; il subsiste plusieurs années dans les terrains auxquels on le confie, pourvu toutefois qu'ils ne soient point humides ou trop ombragés. On le multiplie par ses graines : lorsqu'elles sont semées en automne, elles poussent au mois de mai suivant; mais, quand on les garde jusqu'au printems, je peux répéter avec MILLER, qu'elles paraissent rarement la même année. Ces jeunes plantes n'exigent d'autre culture que d'être débarrassées des mauvaises herbes, et d'être éclaircies partout où elles sont trop serrées.

2°. LE GENÊT TRIANGULAIRE ou trigone, *genista triquetra* (23). Petit arbrisseau, faible et rameux, remarquable par ses branches noueuses qui naissent en touffes basses et sont triangulaires ; je l'ai

---

(23) WILDENOW, *species plantarum*, III, p. 938.

trouvé très-abondant en Corse , sur-tout dans les lieux incultes , sur les collines et les basses montagnes voisines de la mer. Les tiges de cette espèce de Genêt s'élèvent rarement au-dessus de la hauteur de trente-deux centimètres (1 pied); elles sont verdâtres , grêles , munies de trois appendices foliacés et de feuilles alternes , presque sessiles , légérement velues ; elles sont couronnées en leur sommet de fleurs d'un jaune pâle , disposées en épis lâches , courts , terminals et non feuillés. Leur calice est pubescent et à cinq divisions pointues ; elles s'épanouissent en mai , juin et juillet. Les feuilles supérieures sont simples , les autres ternées ; les folioles ovales ou ovales-lancéolées , à pétioles extrèmement courts et dont les bords sont décurrens. Ses bourgeons sont velus. Cels est le premier qui l'ait cultivé en France.

Soumis au procédé toscan , dont je parlerai plus bas , c'est-à-dire , plongé dans les eaux thermales dites *le Caldane ,* situées non loin du Fiumorbo , rivière de la Corse , le Genêt triangulaire m'a prouvé qu'il donnait une filasse aussi belle que celle du Genêt d'Espagne.

3°. Le Genêt a fleurs blanches , *genista alba.* Ce petit arbuste , originaire du Portugal , est répandu presque partout ; il est cultivé dans nos jardins , mais il veut être couvert pendant la saison des frimas. Il est d'une forme agréable , et d'un bel effet à cause de la multitude de ses

petites fleurs blanches, perlées et fort jolies qui
naissent au retour du printems, et se conservent
la majeure partie de l'année ; elles sont disposées
latéralement et ont le calice court presque tron-
qué et à deux lobes opposés et obtus ; leur
carène se rabat lors de l'entier épanouissement.
Les tiges, hautes de quatre-vingt-dix-sept centimètres (5 pieds), rarement au-delà, sont droites,
médiocrement ombragées ; les feuilles qu'elles
portent sont petites, argentées, soyeuses, couvertes de poils fins fort courts et composées la plupart de trois folioles linéaires et lancéolées. Mêlés
avec art à des groupes de Genêts à fleurs jaunes,
de cytises des Alpes, de robiniers et d'arbres de
Judée, les buissons du Genêt à fleurs blanches
procurent à l'œil un tableau fort gracieux.

Quoique cette plante soit délicate, elle ne redoute
pas plus le froid que ce grand nombre de plantes
exotiques admises dans notre agriculture, et nom-
mément le coton (*gossypium herbaceum*) qui
se complait jusque dans les parties les plus élevées
de la France. Avec de la patience et des soins,
on parvient à tout acclimater. L'œillet d'Inde
(*tagetes vatula*) supporte maintenant les
premières gelées de nos climats ; le thé de la
Chine, dit thé bouhi (*thea bohea*) est venu dans
le jardin de Linnæus, à Upsal, ville de la Suède,
située au 59° 51′ 50″ de latitude nord.

4°. Le Genêt d'Angleterre, ou petit-houx et
guayapin, *genista anglica*, sous-arbrisseau qui

s'élève à quarante-huit centimètres (1 pied et demi) de haut. Il croît sans culture dans presque toute la France, principalement dans cette vaste étendue de terrain (24) entre Senlis, Ermenonville et Chantilli, qui n'offre, au milieu des forêts, que des monticules de sables et des masses de bruyère ciliée. Ses tiges sont verdâtres, un peu couchées, garnies de plusieurs branches minces, armées d'épines longues et simples, et jaunâtres à leur sommet. Les feuilles sont très-petites, taillées en forme de lance, et alternes sur chaque côté des branches; ses fleurs jaunes et solitaires sont, au nombre de cinq à six, disposées en grappes longues de vingt-sept millimètres (1 pouce), ou un peu plus, et naissent en avril, précisément à l'endroit où les rameaux cessent d'être épineux. Ces fleurs sont remarquables par leur carène, qui est plus alongée que les autres pétales; elles sont remplacées par une gousse glabre, renflée, courte, presque cylindrique, terminée en pointe, et remplie de quatre à cinq semences réniformes qui mûrissent en juillet.

5°. Le Genêt d'Allemagne, *genista germanica*. Petit arbrisseau que l'on trouve abondamment dans les terrains argileux, sablonneux et humides en même tems, dans les bois et sur les collines de la France, sur-tout aux environs de Strasbourg et

---

(24) Elle a environ quatre myriamètres (douze lieues) de circonférence.

dans le midi : sa hauteur est de quarante-huit à quatre-vingt-dix-sept centimètres (1 pied 6 p. à 5 pieds) au plus. Il diffère peu du Genêt d'Angleterre ; il forme des touffes rameuses un peu velues , très-garnies de feuilles et de fleurs. Dans leur jeunesse , les tiges sont absolument inermes , à l'exception de leur base , qui est couverte de piquans simples à l'époque de la fleuraison ; mais à la seconde année , elles s'arment généralement , et sur-tout dans la partie nue des rameaux , d'autres épines plus petites et très-aiguës. En mai , cette plante porte des fleurs d'un jaune brillant , disposées en épi terminal. Leur calice est velu , quinquéfide ; la carène émoussée, pubescente , plus longue que les autres pétales , et l'étendard réfléchi vers le calice. La gousse que produit le Genêt d'Allemagne est courte , ovale , hérissée de poils , même à l'époque de sa parfaite maturité , légèrement comprimée , et contient trois ou quatre semences. On peut employer cette espèce de Genêt et celui d'Angleterre à garnir les bords des haies composées.

6°. Le Genêt fleuri ou cendré , *genista florida* , que les Provençaux appellent genesto et les Toscans ginestrella ou stecchi. Cet arbrisseau s'élève, avec des tiges cendrées et ligneuses , à la hauteur de soixante-cinq à quatre-vint-dix-sept centimètres (2 ou 5 pieds), et pousse des rameaux effilés , cylindriques , marqués de dix cannelures longitudinales très-prononcées, garnis

de feuilles soyeuses, en forme de lance, petites
et alternes. Ses fleurs sont jaunes, semblables à
celles des pois, solitaires, pubescentes sur leur
carène, oblongues, nombreuses, disposées en
épis et presque sessiles à l'aisselle des feuilles le
long des rameaux ; le calice est à cinq dents pro-
fondes et pointues. Elles s'épanouissent en mai,
juin et juillet ; ces fleurs produisent des légumes
courts, velus, oblongs, qui deviennent noirs en
mûrissant, et renferment trois à cinq graines
réniformes.

Le Genêt fleuri se trouve presque partout,
principalement sur les coteaux exposés au midi.
Le bétail le mange avec plaisir, et l'on obtient de
ses fleurs une teinte jaune très-belle et solide. On
emploie aussi ses branches à faire les balais.

<h2 style="text-align:center">§. III.</h2>

MANIÈRE DE FORMER ET ENTRETENIR UNE GÉNETIÈRE.

La loi de végétation des Genêts est en même
tems de pivoter et d'étendre leurs racines longues,
filandreuses et dures, qui coulent profondément
dans la terre : tous se plaisent à tapisser de verdure, à embellir de leurs fleurs suaves, à rendre
utiles les vastes espaces qui semblaient d'abord
condamnés à une éternelle stérilité, à adoucir la
fatigante ligne des collines de sable que l'Océan
dispute chaque jour à la terre, les montagnes les

plus arides , et les déserts où l'agriculteur trou-
verait difficilement le prix de ses soins et de sa
persévérance. Ministres de bienfaisance, ils chan-
gent insensiblement l'aspect et la nature d'un
pays , et le rendent, après un laps de tems plus
ou moins considérable, susceptible de la fertilité
la plus grande ; ils offrent aux bestiaux une nourriture saine et abondante , et par les ressources
qu'ils lui présentent , ils donnent un mouvement
rapide à l'humaine industrie.

Je le répète , la culture des Genêts n'exige
aucun soin , si ce n'est qu'on doit les tenir cons-
tamment libres des mauvaises herbes ; on les multiplie tous par leurs graines , et la semaille peut
en être faite soit en hiver, lorsqu'on fait les mars,
soit en automne , mais il faut auparavant donner
un léger labour à la terre. Plusieurs cultivateurs
estimables , entr'autres Guerardi , et le modeste
Thouin, pensent, avec raison, qu'il est préférable
et même important de confier à la terre la semence aussitôt après sa maturité. Cette méthode
donne à la plante le tems d'acquérir la vigueur
nécessaire pour résister aux gelées ; au lieu qu'en
semant après l'hiver il est à craindre que les chaleurs et le hâle qui surviennent si souvent au
printems ne la fassent périr. Il ne faut point herser
un terrain où l'on sème du Genêt ; cette plante
ne veut pas être enterrée. Elle ne lèvera pas si l'on
néglige cette attention.

La génetière destinée à donner du fourrage ,
de la litière ou de l'engrais, se sème épais ; dans

celle où l'on a l'intention de faire venir un bois
pour fournir des fagots, on doit semer clair,
laisser un certain espace entre les buissons qui
naîtront, et avoir soin d'éloigner les bestiaux,
sur-tout les moutons et les chèvres, au moins
jusqu'à la quatrième année, époque à laquelle ces
arbrisseaux ont acquis toute leur vigueur et affermi
leurs racines.

Ainsi, pour former une génetière, il ne faut
que se procurer de la graine, qui se vend à très-
bas prix, la mélanger avec trois ou quatre fois
plus de terre ou de sable pour faire de bons semis,
la répandre à la volée et choisir de préférence le
terrain où presqu'aucune autre plante ne pourrait
végéter. Il faut 5,874 grammes (12 livres) de
graines pour 34 ares (1 arpent).

Lorsque ce terrain est d'une qualité moins
mauvaise, on peut en même tems, comme le dit
BROUSSONET, y semer des graines de chardons à
foulon (*dipsacus fullonum*). Le produit de cette
plante, que ses paillettes crochues font rechercher
des bonnetiers et des drapiers pour peigner et
polir les draps et les couvertures, suffit pour in-
demniser le cultivateur des médiocres avances
et des peines que nécessite cette opération.

En ayant soin de réceper les pieds tous les
quatre à cinq ans, une génetière peut produire
pendant trente et quarante années une végétation
brillante, sûre et de rapide croissance.

Dans la Galice, province de l'Espagne, les
plantations de Genêt sont closes; dès la seconde

année et successivement jusqu'à la douzième on enlève chaque hiver une certaine quantité de pieds, toujours les plus faibles ; les espèces de labours qui sont la suite de l'arrachis font prospérer davantage les tiges les plus fortes; et lorsque celles-ci sont arrivées au maximum de leur croissance, on les enlève, et le terrain se sème, pendant plusieurs années consécutives, en maïs, en lupin, rave, turnep ou autre plante.

Dans cette partie de l'ancienne Gaule que l'on nommait la Belgique, où, depuis un tems immémorial, le cultivateur se plait à disputer en conquêtes utiles aux désastreuses conquêtes de la stérilité, le Genêt est une ressource certaine pour rendre et conserver en bon état les terres vagues et écartées. On employa d'abord le pin sauvage (*pinus sylvestris*), mais il fallait trop attendre. En 1774, l'Académie des sciences de Bruxelles proposa au concours les moyens les plus prompts et les plus efficaces de fertiliser ces sortes de terres. COSTER, cultivateur belge généralement estimé, et dont le Mémoire obtint le prix, fit connaître le procédé qu'il employait dans ses domaines. Ce procédé consistait à défoncer les landes au moyen de la charrue qu'il faisait passer deux fois de suite dans le même sillon, à y répandre du fumier et à semer ensemble, au printems, de l'avoine, du trèfle et du Genêt. Le gazon de ces landes, ou pourri, ou brûlé et mêlé au fumier, donne ordinairement la première année une bonne levée d'avoine ; la seconde, du trèfle en abondance ; enfin à la troisième on récolte le Genêt. Cette méthode fut adoptée par plusieurs propriétaires. Mais celle que proposa J. B. DE BEUNIE (25) recueillit le plus de suffrages et mérita la préférence. Je vais la rapporter : « Après avoir préparé la terre une année à l'avance et donné les labours nécessaires, on lui fait porter une année une récolte d'avoine, la deuxième et la troisième une récolte de trèfle. On coupe l'avoine un peu haut, afin que les chaumes garantissent la jeune plante du trèfle contre les injures de l'hiver. Après ces deux années on laboure le trèfle, on le fume à moitié et on y sème dans l'automne du seigle et du Genêt ; on coupe le seigle à maturité et on y laisse le Genêt encore trois ans ; si celui-ci n'a pas eu de rudes hivers à essuyer, il vaudra au moins 5o à 6o florins par bonnier (26). Ces terres un peu fatiguées par les deux premières récoltes se reposent trois ans ; elles donnent ensuite, pendant qu'elles se reposent, 18 à 20 florins par année en Genêt ; et après six années elles sont en état de porter tous les grains qu'on peut demander d'un sol sablonneux ; mais pour augmenter toujours de plus en plus leur fertilité, l'on doit y répandre

---

(25) *Essai chimique des terres pour servir de principes fondamentaux à la culture des bruyères*. Ce Mémoire lu le 12 septembre 1774, le 3 mai 1775, et le 16 septembre 1777 à l'Académie de Bruxelles, est inséré dans le tome II de ses Mémoires, pag. 289—5o8.

(26) Le florin de Brabant vaut 1 fr. 8o centimes, et le bonnier 131 ares.

tous les quatre ans quelques tombereaux d'argile avant que de les ensemencer en trèfle et de les semer tous les sept ans en Genêt : de cette façon elles ne sont jamais fatiguées, elles augmentent insensiblement en argile et en humus, et dès que ce mélange se trouve en parties égales, les terres sont propres à donner du froment et de l'orge. Par cette méthode on obtient le triple de fourrage, on augmente le fumier et on économise le tems et les bras (27). »

§. IV.

USAGES ÉCONOMIQUES.

Méthodes pour extraire la filasse du Genét.

Nous avons vu que la découverte du tissu filamenteux que fournit l'écorce de toutes les espèces de Genêts, et plus particulièrement celle du Genêt d'Espagne, date d'une haute antiquité ; mais nous ignorons les procédés que les anciens peuples de l'Egypte, de la Grèce et de l'Italie employaient pour l'extraire. Le silence des auteurs géoponiques à cet égard est unanime. PLINE nous dit seulement (28) qu'en Asie on faisait macérer les tiges du Genêt pendant dix jours,

---

(27) Pag. 488 et 489 du Mémoire précité.
(28) *Hist. nat.* lib. XIX, cap. I. — *Asia è genistâ*, dit-il, *facit etia ; fratice madefacto X diebus.*

et qu'ensuite on en tirait une sorte de fil, que l'on employait à faire des filets excellens pour la pêche.

De nos jours, les Espagnols et les Toscans obtiennent de ces arbrisseaux un fil très-bon, susceptible d'acquérir une grande blancheur ; en France, cette branche d'industrie a long-tems été confinée à quelques villages des environs de Lodève , département de l'Hérault ; elle est actuellement , et sur-tout depuis 1785 , répandue dans presque toutes les Cévènes. Il serait bien à désirer qu'elle fût adoptée dans tous les cantons peu fertiles.

On connaît plusieurs méthodes pour retirer la filasse du Genêt ; presque toutes tiennent à des raisons de localité qu'il n'est pas inutile de rapporter ici. Ceux qui veulent adopter un genre de culture quelconque sont toujours satisfaits de pouvoir raisonner les moyens déjà mis en usage , afin de s'attacher particulièrement à celui qui se lie le plus à leur situation ; d'autres, et c'est le plus grand nombre , aiment à satisfaire leur curiosité , mais il faut aussi savoir flatter leur paresse pour les décider à quelque chose. Il est dans le cœur humain une tendance au repos qui nous dispose assez naturellement à ne pas faire plus ni moins que ce qu'ont fait les autres, sur-tout si , dans ce qu'ils ont fait , nous trouvons la part de notre amour-propre , celle de notre intérêt , et celle de l'économie du tems , la première des économies.

D

Ce n'est qu'à la troisième année que les rameaux du Genêt sont devenus assez longs pour devoir être coupés ; plus jeunes ou plus vieux, ils ne rempliraient que très-imparfaitement le but qu'on se propose. C'est d'ordinaire après la moisson que se fait la coupe du Genêt ; on choisit les tiges les plus belles, et on les coupe à la main. Après les avoir mondées des petits bourgeons ou brins naissans qui s'y trouvent, on les expose au soleil pour les faire sécher, en ayant soin que la pluie ne tombe pas dessus ; car il est prouvé que l'eau pluviale nuit essentiellement à la blancheur du fil (29). On rassemble ensuite ces mêmes tiges en petites bottes ou javelles d'une grosseur et d'une largeur égales, et on les froisse avec un espadon pour faciliter la séparation de l'épiderme.

Après ces dispositions préliminaires, les Espagnols et les habitans des Apennins suivent un procédé qui se rapproche de celui généralement employé pour extraire la filasse du chanvre et du lin, c'est-à-dire qu'ils font macérer dans les rivières ou dans une eau stagnante les javelles ou fais-

---

(29) Il est démontré que le rorage, c'est-à-dire, le rouissage à la rosée, fait toujours noircir les rameaux du Genêt et finit par les pourrir entièrement. Ce procédé, suivi pour le chanvre dans plusieurs parties de la France, et particulièrement dans les Vosges, consiste à étendre les rameaux du Genêt sur des prés ou des champs moissonnés, et à laisser l'air, la lumière, la rosée, la pluie, et, dans les tems secs, les arrosemens accomplir le rouissage. Le rorage est long, exige beaucoup de travail et ne blanchit pas également, mais il a l'avantage d'être partout praticable et de ne point donner d'odeur vireuse.

ceaux de tiges de Genêt, et les couvrent de pierres jusqu'à ce que l'écorce s'en sépare facilement; ils les retirent ensuite de l'eau, les font sécher et les teillent.

L'eau courante est préférable à l'eau stagnante, parce que celle-ci développe et entretient une fermentation plus forte qui attaque le tissu ligneux, et parce qu'elle exhale une odeur désagréable, nuisible à l'économie animale. D'ailleurs, le chanvre, le Genêt et toutes les plantes filamenteuses, rouis dans une eau stagnante, perdent beaucoup en qualité ; la toile qui en provient est bise, cassante et de peu de durée.

Vers la fin du mois d'août, les habitans de la fertile et populeuse vallée de Casciana, en Toscane, se rendent en foule sur les montagnes qui la couronnent pour recueillir les graines et couper les tiges des nombreux genêts d'Espagne, qui y croissent spontanément. Les premières sont destinées à la nourriture de la volaille ; les secondes se portent aux eaux thermales de *Bagno a acqua*, dans lesquelles, après les avoir fait sécher et distribuer en faisceaux d'une égale grosseur, on les plonge entièrement, et on les assujétit avec de gros cailloux. La chaleur douce et continuelle de ces eaux (elles font monter le thermomètre de Réaumur à 8 degrés), accélère la séparation de la partie filamenteuse, et achève le rouissage en trois ou quatre jours au plus. Ce tems écoulé, on tire à fleur-d'eau un ou deux brins du paquet ; on les tient de la main gauche,

tandis qu'on a dans la droite un fragment de
verre ou bien une pierre plate , terminée en bi-
seau, dont on appuie la partie tranchante sur la
pointe des brins qu'on écache. On divise ainsi,
par ce moyen, un peu long à la vérité, mais
d'un succès toujours certain, la partie filamenteuse de la partie ligneuse ; on la retire de l'eau,
et l'on en fait des poignées, que l'on expose à
l'ardeur du soleil. Quand cette filasse est suffisamment sèche, on la bat avec des espadons
comme l'on fait pour le lin ; les petites fibres,
ou, pour mieux dire, le duvet cotonneux qu'on a
séparé des étoupes, servent à remplir des oreil-
lers, à rembourrer les meubles et les harnois, en
place de laine ou de crin, dont en partie il a l'é-
lasticité. L'autre portion de la filasse, passée au
peigne, se file au rouet, et donne un fil plus fin
et plus souple que celui du chanvre, mais pas autant que celui du lin (30). L'époque où l'on s'occupe de ce genre de travail embrasse celle qui
suit le tems des vendanges jusqu'à ce mois charmant, le plus beau de l'année, où la terre achève
de se parer de feuilles et de fleurs, et où le labou-
reur joyeux reprend ses travaux champêtres.

Les délicieux environs du bourg de Casciana
ne sont pas les seuls, dans l'Étrurie, où ce procédé soit en usage ; je l'ai retrouvé dans tout le
Volterran, chez les Lucquois industrieux et sur

----

(30) GIO. TROMBELLI est le premier qui, en 1755, ait fait connaître ce procédé.

les rives de la Fiora, à Montalto, que je soup-
çonne être l'ancienne *Tarquinium*.

Cette méthode nous offre une excellente leçon
sur la théorie du rouissage, et mériterait bien
d'être adoptée dans tous les endroits où elle
serait praticable ; je ne pense pas cependant qu'il
faille absolument le secours des eaux thermales
pour obtenir la partie filamenteuse du Genêt ;
l'action combinée et alternativement appliquée
de l'air et de l'eau désorganise le végétal, le dé-
compose et rompt toute liaison entre ses divers
principes ; l'eau simple entraîne les sucs (31), et
met à nu le squelette fibreux, c'est-à-dire le principe le plus incorruptible de la végétation ; les
eaux thermales accélèrent davantage le rouissage,
comme l'influence du soleil sur les eaux stag-
nantes hâte celui du chanvre.

Le troisième procédé, qui diffère beaucoup
des deux premiers, et qui peut devenir d'un
usage général, n'est pas moins ingénieux que le
précédent ; il est pratiqué par les habitans des
Cévènes, de ces montagnes si précieuses à l'é-
tude de la géologie, et si malheureusement cé-
lèbres dans les annales du fanatisme. Les Cévè-

---

(31) Je ne puis me défendre de nommer ici l'*alhagi*, (*genista-
spartium spinosum*, C. B. Pin.) espèce de Genêt qui croît dans la
Perse et donne une manne, connue dans la ville de Tauris sous le
nom de *trungibin* ou *terenjabin* Ce suc, moins beau que la manne de
l'Italie, transude de ses feuilles, sous la forme de gouttes plus ou
moins grosses, que la chaleur du soleil épaissit. TOURNEFORT nous
a laissé, dans son *Voyage au Levant* (2 vol. in-4°. Paris. 1777),
une notice intéressante de cet arbuste, tom. I, p. 322—324.

nois coupent, comme les Espagnols et les Ita-
liens, les tiges du Genêt en août; ils les mettent
également sécher au soleil, les distribuent en
petites bottes qu'ils nomment *fardeaux*, et ven-
dent soixante à soixante-quinze centimes; ils les
écrasent avec une massue de bois, et les lavent
après à l'eau courante ou dans une mare, dans
laquelle ils les assujétissent avec des pierres, et
les laissent tremper pendant quatre à cinq heures.
Le soir, on les retire et on les met en tas sur le
bord de la rivière. Le lendemain, les bottes ainsi
préparées sont placées, couche par couche de
Genêt et de paille alternativement, dans un endroit voisin de l'eau, dont on a soin d'enlever un
peu de terre, formant ainsi une espèce de creux
qui peut les contenir toutes. On recouvre cette
masse de fougère, de paille, de gazon, ou de
quelqu'autre matière légère, et l'on charge le tas
avec des pierres; c'est ce qu'on appelle *mettre à
couver*. Le Genêt demeure ainsi jusqu'à ce que le
rouissage soit fini, c'est-à-dire pendant huit à
neuf jours; il suffit seulement, dans cet inter-
valle, et sans le découvrir, d'arroser le tas une
fois par jour avec l'eau voisine. Au bout de ce
tems, on retire les javelles et on les lave à grande
eau; la partie verte de la plante, ou l'épiderme,
se détache alors très-aisément de dessus le bois,
et la portion fibreuse reste à nu; l'on prend chaque paquet l'un après l'autre, on les bat et froisse
fortement avec un battoir et sur une pierre pour
en détacher toute la filasse, qu'on a en même

tems soin de ramener vers une des extrémités des rameaux. Après cette opération, on délie les faisceaux et on les étend sur des rochers ou sur un terrain sec, pour les faire sécher. Les baguettes ne doivent être teillées que lorsqu'elles ne contiennent plus aucun principe d'humidité ; on passe ensuite la teille du peigne, et on met à part les qualités différentes qui sont toutes filées au rouet : ce travail est réservé pour la saison morte.

Il est une quatrième manière très-facile de dépouiller les tiges du Genêt de leur écorce ; c'est celle qui fut employée avec le plus grand succès, en 1786, sur le Genêt à balai, par Yvard, fermier à Maisons-sous-Charenton, dont le nom rappelle des services essentiels rendus à l'agriculture et à l'économie domestique. Elle consiste à couper les rameaux lorsque la sève est dans toute sa force, à séparer l'écorce du bois sur-le-champ, par l'extrémité la plus grosse, avec le pouce et l'index, et à la tirer de bas en haut jusqu'à ce qu'elle soit entièrement dégagée. Le principal avantage de cette opération est l'économie du tems ; on peut, en un moment, dépouiller ainsi toutes les tiges, qui sont, comme nous l'avons vu, très-nombreuses dans le Genêt commun, et le rouissage de la partie filamenteuse, qui tient alors moins d'espace, est aussi beaucoup plus court ; cependant, il ne faut pas se dissimuler que cette méthode a un inconvénient. Lorsque les rameaux ne sont pas imprégnés d'une assez grande humidité, l'extrémité de quelques-unes des tiges, et ce sont ordinairement les plus petites, ne se dépouille pas entiérement à cause de l'adhérence de l'écorce au bois. Cette perte peu considérable, n'aurait pas lieu si l'on mettait les rameaux dans l'eau quelque tems avant de les écorcer, et l'on doit toujours le faire lorsque quelque circonstance a empêché qu'on ne profitât du tems de la sève. « J'observai d'ailleurs, rapporte l'auteur de cette méthode, que l'espadon et le teillage font perdre une partie du fil. »

Les propriétaires ruraux peuvent encore faire rouir le Genêt par les moyens dont BRALLE, d'Amiens, se sert pour préparer le chanvre en deux heures de tems et en toutes saisons. Cette découverte, importante à l'agriculture, aux fabriques, au commerce et à la marine, a été confirmée par de nombreuses expériences ; elle a le triple avantage d'économiser le tems sans nuire à la qualité de la filasse, de se faire même dans les lieux les plus éloignés des eaux courantes ou dormantes, et de laisser leur libre cours aux rivières et ruisseaux déjà si peu considérables dans la saison du rouissage (32).

---

(32) Cette méthode consiste, 1° à faire chauffer de l'eau dans un vase, à la température de 72 à 75 degrés du thermomètre de RÉAUMUR ; 2° à y ajouter une quantité de savon vert proportionnée au poids du chanvre que l'on veut rouir ; 3° à y plonger de suite le chanvre, de manière que l'eau surnage ; à fermer le vase et cesser le feu ; 4° à laisser le chanvre dans cette espèce de routoir pendant

En un mot, quel que soit le procédé que l'on adopte pour extraire le fil que fournit l'écorce du Genêt, le succès le plus complet couronnera l'entreprise.

Divers emplois du fil de Genét.

Le fil du Genêt sert à former des toiles propres aux différens usages de l'économie rurale et domestique. Ce fil est de deux sortes; celui de la première qualité se vend ordinairement 1 fr. à 1 fr. 25 centimes la livre gauloise, c'est-à-dire, la livre de douze onces qui fut établie par *Charlemagne*. Celui de la seconde qualité n'arrive pas à la moitié de ce prix.

Le fil le plus grossier est employé à faire des cables pour les navires (33) qui sont d'un bon usage, tant sur mer que sur les rivières, et de la grosse toile, que les habitans des Alpes toscanes appellent *carmignuolo*, pour sacs et pour emballage. On en fait aussi des draps pour envelopper les légumes, les graines ou les fumiers qu'on veut transporter quelque part. On réserve les fils les plus fins pour les draps de lit,

---

l'espace de deux heures avant de le retirer. (Voy. les N°s 18, 29 et 36 de la *Bibliothèque des Propriétaires ruraux*, où l'on a développé le procédé de Bralle, et l'instruction publiée par le ministère de l'intérieur en l'an XII (1804.)

(33) C'était autrefois l'usage chez les Asiatiques et chez les Grecs, (Dioscor. lib. IV, 158); à Rome (Cato , *de re rust.* cap. 2); à Carthage (Tit. Liv., *hist.* lib. XXII, 20), et en Italie (Castor Durante, *Erbario*, au mot *Ginestra.*)

les serviettes, les chemises, etc. Les paysans des environs de Lodève, qui ne possèdent aucune espèce de terres propres à la culture du lin et du chanvre, ne connaissent et n'ont pas d'autre linge que celui de Genêt (34). Les toiles fabriquées avec le fil de cet arbrisseau sont d'un très-bon user et aussi souples que les toiles de chanvre; elles seraient indubitablement aussi belles que celles de lin si la filature en était plus soignée. Plus elles vont à la lessive, plus elles gagnent en blancheur.

En Italie on est parvenu à travailler avec le fil de Genêt une étoffe grossière à la vérité, mais qui sert aux montagnards de l'Apennin à se préserver, dans la mauvaise saison, des injures du tems (35); les femmes en font sur-tout des jupons. C'est une espèce de camelot, ou, pour mieux dire, de bouracan, dans le genre de ceux qu'on fabrique à Rouen et à Arras. La chaîne de cette étoffe est de Genêt, et la trame de laine.

La toile et l'étoffe de Genêt sont très-rarement à vendre; chaque famille n'en prépare exclusivement que pour ses besoins, et celles qui se livrent à ce genre d'industrie, ne cherchent pas la perfection.

Lorsque la fibre végétale réduite en toile ne peut plus être employée à ces usages ordinaires,

---

(34) BROUSSONET, Mém. précité.

(35) TROMBELLI et Don BONONIO GHERARDI, Mémoires sur le Genêt d'Espagne.

on lui fait subir d'autres opérations pour la diviser, et la convertir en papier. Ces opérations sont les suivantes : on choisit les chiffons, on les lave, et lorsqu'ils sont bien secs on les *délisse*, c'est-à-dire, on décout les ourlets, on sépare les qualités, et on les fait pourrir dans l'eau. Pour les déchirer, les piler, et les réduire en une pâte claire, ils passent successivement sous trois espèces de pilons mus par un courant comme les moulins à eau. Les premiers sont à crochets tranchans, les seconds ne sont armés que de simples clous à tête plate en forme de coins, et les troisièmes sont uniquement de bois, parce qu'ils ne servent qu'à délayer la pâte. On jette cette pâte dans l'eau chaude que l'on agite continuellement; on plonge des cribles carrés de diverses grandeurs dans cette eau, et on les soulève; il reste une couche de pâte sur le crible; cette couche desséchée forme une feuille de papier; ensuite on soumet ces feuilles à la presse, on les passe dans une dissolution de gomme quand on veut en faire du papier à écrire, et on les lisse.

Depuis quelque tems on a remplacé les pilons par des cylindres de cuivre qui divisent les chiffons beaucoup plus vite et avec plus de perfection; ils conservent aussi bien plus de force à la matière. Cette invention que l'on attribue à la France, où elle est négligée, est particulièrement en usage en Hollande et en Angleterre.

On a fait du papier avec de la laine blanche, des navets, des feuilles de choux et de bardanne, avec de la paille, des écorces d'arbres, du bois de fusain et de coudrier, avec de la guimauve, du houblon, des roseaux, du chiendent et de la mousse, avec le duvet de chardon et du peuplier, avec les aigrettes luisantes qui couronnent les nombreuses semences de l'apocin, la filasse d'aloès, d'agavé d'Amérique, de palmier, etc.; mais jusqu'à présent ce papier est plutôt un objet de curiosité que d'utilité bien palpable. Sous aucun rapport le papier de Genêt ne peut et ne doit être rangé dans cette cathégorie. Quand ses filamens ont été employés en toile et assouplis par l'usage, il soutient en tous points le plus rigide parallèle avec le papier fait de fil de lin et de chanvre.

Usages des chénevottes du Genêt.

Pour le Genêt comme pour le chanvre et toutes les autres plantes filamenteuses, on appelle *chénevottes* la partie ligneuse restée à nud quand la teille en a été séparée.

Les chénevottes de Genêt sont ordinairement liées en petites bottes et vendues pour allumer le feu. Le plus souvent on les met quatre par quatre dans un paquet. Dans les Cévènes on en fait des allumettes; elles sont loin de valoir celles de chanvre, quoique ces dernières donnent un feu moins vif que les allumettes du Genêt.

Montgolfier, à qui l'on doit l'invention de

l'aréostat, préféra presque toujours à la paille la plus sèche les chénevottes de Genêt, comme plus propres à enfler très-promptement son ingénieuse machine.

§. V.

INSTRUMENS EMPLOYÉS A BROYER LE GENÊT.

Avant d'administrer aux bestiaux les tiges du Genêt, on les écrase sous une presse, ou bien on les brise au moulin à foulon; c'est sur-tout pour celles de l'espèce épineuse, que l'on a senti la nécessité d'amortir l'action des redoutables piquans dont elles sont armées. J'ai dit que l'on était assez généralement dans l'habitude de se servir pour cet effet de billots, de maillets, de fléaux, et de cylindres ou rouleaux; mais leur emploi demande beaucoup de tems et de peines. Le grand art en agriculture est d'épargner les bras et d'économiser le tems si précieux et si court pour l'homme des champs. C'est pourquoi l'industrie, toujours active, après avoir forcé la terre avare à lui prodiguer des fruits de toutes sortes, après avoir desséché des marais et couvert d'un rideau de verdure les rochers les plus nus, en étudiant la force et l'étendue du pouvoir qui agit, trouva les moyens de multiplier ses ressources et découvrit le secret de ces inventions ingénieuses qui rendent le travail plus prompt et moins pénible.

Querbrat-Calloet, qui écrivit vers le milieu
du dix-septième siècle, sur l'éducation et la mul-
tiplication des chevaux, ainsi que sur l'emploi
du Genêt épineux comme fourrage, a fait connaître une machine, au moyen de laquelle on
pile à bras les tiges de cette plante (36); mais on
doit lui préférer celle que Arthur Young indique
dans le journal de son *Voyage à l'est de l'Angleterre* (37); elle a été imaginée par Edisson,
habile cultivateur de Lawton dans le Yorckshire; elle est propre à broyer les différentes
espèces de Genêt. Son appareil est fort simple et
d'une facile exécution. C'est une espèce de moulin à meule ou moulin circulaire qui a l'avantage d'être très-expéditif. Il est assez semblable à la marre où l'on écrase les olives et au
moulin dont on se sert pour triturer les pom-
mes destinées à faire du cidre. En voici la description succinte :

Autour d'un poteau fixé dans le plafond ou à
une poutre perforée, et pivotant sur lui-même,
est établie une auge circulaire dans laquelle ou
couche les tiges de Genêt. A quatre-vingt-dix-
sept centimètres (5 pieds) de terre, le poteau
se prolonge en un bras, au bout duquel on
adapte une large meule roulante, en bois, qu'un

---

(36) *Advis : On peut en France élever des chevaux aussi beaux,
aussi grands et aussi forts qu'en Allemagne et royaumes voisins*, etc.
in-4°. Paris, 1666.

(37) On la retrouve dans un autre ouvrage du même auteur
intitulé : *Le Cultivateur anglais*, tom. IV, pag. 156 de la traduction
française.

cheval fait tourner, et qui, dans sa marche,
brise les piquans.

§. VI.

ANIMAUX QUI RECHERCHENT LE GENÊT.

Si les buissons de Genêts attirent une grande
quantité d'insectes, et sur-tout d'oiseaux qui contribuent, par leurs excrémens, à bonifier le terrain sur lequel ils s'élèvent, dans l'Asie-Mi-
neure et le Levant, dans la Barbarie et au cap de
Bonne-Espérance, en Espagne et dans plusieurs
cantons de la France (sur-tout dans les départemens de l'Aveiron, de la Vienne, des Deux-
Sèvres et de la Vendée), ils servent encore de
retraite à un petit animal très-estimé pour la
fourrure légère et fort jolie qu'il procure; c'est
une espèce de marte; il en a du moins tous les
caractères anatomiques, à l'exception des pu-
pilles, qui chez lui sont alongées verticalement
comme celles du chat domestique; il a le natu-
rel et les habitudes de la fouine; il est beaucoup
moins grand que la civette, et porte comme elle
une bourse ou organe qui renferme un parfum
très-faible; les Espagnols l'appellent *genetta*, et
les naturalistes *viverra genetta*, parce qu'il se
tient volontiers au pied des arbrisseaux dont j'é-
cris l'histoire. La genette n'a guère que quarante-huit centimètres (1 pied six pouces) de
long, la queue non comprise, laquelle a trente-
deux centimètres (1 pied) et quelquefois plus;

elle est basse sur ses jambes , s'apprivoise facilement, grimpe avec légéreté , prend les souris , et
a le poil doux, d'un cendré brillant et taché
de noir; cette fourrure se vend très-cher. On
est parvenu à la contrefaire , en peignant de
taches noires des peaux de lapins gris.

§. VII.

MALADIES DU GENÊT.

Naitre , végéter, souffrir et mourir, tel est
le sort de tout ce qui a vie. Nul être n'est
exempt de cette loi. Depuis l'aigle , qui plane
dans les cieux, jusqu'au poisson , qui sonde
les abîmes de l'Océan ; depuis l'homme qui dé-
chire la terre pour la rendre fertile , qui l'arrose
de sang et l'emplit de son ambition et de son
orgueil , jusqu'à l'humble plante qui végète
dans nos champs, tout circule de la mort à la
vie et de la vie à la mort : ce mouvement éternel
est le grand agent des phénomènes de l'existence.

Toutes les plantes sont affectées d'une et
même de plusieurs maladies. Aucun auteur géo-
ponique , ancien et moderne , ne s'est particulièrement occupé de celles qui attaquent les
différentes espèces de Genêt. Ce vide dans l'histoire de cet utile arbrisseau , me détermine à
citer deux observations qui me sont particu-
lières.

Un pied de Genêt commun enlevé d'un champ
sablonneux, pour être placé dans un jardin , fut

bientôt attaqué de la fullomanie , de cette maladie où l'abondance prodigieuse des feuilles est
déterminée par la trop grande quantité de sucs
nutritifs ; il périt sans donner ni fleurs ni fruits.
L'année suivante, je ne détruisis point l'espèce
de pucerons qui est particulière au Genêt ; la
perte du suc que ces insectes enlèvent fut am-
plement et en peu de tems réparée ; la plante
ne s'en trouva que très-faiblement incommo-
dée, puisqu'elle me donna des fleurs et des gousses remplies de bonne semence.

La méthode de mettre du fumier dans les
trous où l'on doit planter du Genêt, introduit et
développe dans cette plante les principes de la
maladie incurable, que les jardiniers et les pépi-
niéristes ont nommée le *charbon des arbres*.
J'en ai fait la remarque cet été (1809) sur plusieurs
pieds de l'espèce d'Espagne ; leurs tiges étaient couvertes de taches noirâtres ; ils périrent tous faute
de soins. Le Genêt , me dit le propriétaire du
jardin où je les vis , ne vaut pas la peine de s'occuper de sa guérison. Le pauvre, tout savant,
tout profondément utile qu'il pourrait être , n'ex-
citera donc jamais l'attention du riche ! On n'a
des yeux, du goût, de l'argent, que pour les
plantes des contrées lointaines ; celles qui croissent dans nos bois, dans nos prés, autour de
nos habitations rurales n'ont aucun mérite, et
tel préférerait l'ignorance des siècles de la barbarie à l'étude des végétaux qu'il foule chaque jour
aux pieds ; cependant, le charbon est une mala-

die contagieuse, et pour négliger l'humble arbrisseau, l'on expose tous ses arbres à être bientôt
affectés d'un mal difficile à combattre, encore
plus à détruire.

Pendant mon séjour en Toscane, j'ai vu se
succéder à deux mois de distance, et la fièvre jaune
qui désola Livourne pendant quatre mois (38),
et l'une des plus considérables inondations de
l'Arno et du Serchio (39). Soixante milles (20
lieues) de terrain en largeur furent couverts
d'eaux bourbeuses, qui séjournèrent principalement plus de six semaines dans une forêt voisine
du lieu dit *lo Stagno*, et furent prises par un
froid subit qui les fit geler. Presque tous les arbres, et sur-tout les Genêts qui ne succombèrent
pas dans cette circonstance, se virent affectés du
charbon ; ils périrent avant le tems, et n'eurent
jusqu'à la mort qu'une existence languissante.

Les boutons à fleurs du Genêt sont sujets à
devenir semblables à une capsule, par suite de
la piqûre d'un insecte fort voisin des tipules,
beaucoup plus petit que le bibion printanier,
qui cause tant de ravages sur les arbres à fruits,
et long à peine de cinq millimètres (2 lignes) ; il
appartient au genre *cécidomye* de LATREILLE (40).

____

(38) Le 2 décembre 1804, j'ai publié en italien l'histoire de cette
maladie cruelle, et l'Institut de France, dans sa séance du 2 floréal
an XIII (22 avril 1805), en suite du rapport de MM. HALLÉ et
DES ESSARTZ, a daigné ordonner la communication de mon Mémoire aux personnes qui se proposeraient d'aller observer la fièvre
jaune dans le midi de l'Europe, où elle répandait tant d'alarmes à
cette époque.

(39) En février 1805.

(40) *Genera insectorum*, tom. IV, p. 252.

· ·L'histoire naturelle des insectes étant plus utile encore qu'agréable pour le cultivateur, je crois devoir donner ici la description exacte de la cécidomye du Genêt; je la dois à la complaisance de M. Bosc, membre de l'Institut de France; c'est lui qui le premier observa ce diptère destructeur; personne mieux que lui ne pouvait donc le faire connaître :

« La cécidomye du Genêt n'offre rien de saillant dans sa forme et sa couleur. Elle a la tête rougeâtre, les yeux noirs, les antennes brunes et sétacées ; son corcelet est presque glabre, ardoisé, avec deux lignes courbes plus foncées en-dessus et une tache rougeâtre en dessous à la base de ses deux ailes ; l'abdomen d'un brun grisâtre en dessus et d'un rouge pâle en dessous, partout couvert de poils blancs assez longs; les ailes de la longueur du corps sur lequel elles restent couchées, couvertes de poils courts en dessus et en dessous, et fortement ciliées en leurs bords internes; les balanciers bruns avec une tache blanche au sommet ; les pates brunes et velues ; les cuisses blanches en dessous.

» Au commencement d'avril, époque où le Genêt commence à développer ses boutons, les femelles des cécidomyes, échappées aux rigueurs de l'hiver et au bec des oiseaux, déposent un œuf à la base de chacun de ces boutons, et la larve qui en sort pénètre dans leur intérieur en perçant le péduncule, c'est-à-dire le prolongement de la tige destinée à soutenir les fleurs. Par cette seule

opération, elle altère le développement de cette
partie de la plante, de manière à ne plus laisser
d'apparence, ni de calice, ni de pétales, et la
change en un corps oviforme creux, d'un vert
aussi foncé que l'écorce, qui acquiert jusqu'à cinq
millimètres (2 lignes) de diamètre et sept millimètres (3 lignes) de hauteur. C'est dans la cavité
de ce corps que la larve vit et se transforme en
nymphe, vers les premiers jours de mai, pour en
sortir insecte parfait sept à huit jours après. »

M. Bosc avait un grand nombre de fois ob-
servé les boutons du Genêt à balais ainsi défor-
més; mais ce ne fut qu'en 1793, lorsqu'il était
réfugié au centre de la forêt de Montmorenci,
qu'il parvint à en connaître la cause. Dans cette
année, les Genêts furent si maltraités par la cécidomye, que, sur dix boutons, il y en avait huit
d'attaqués.

Le moyen de garantir le Genêt des ravages de
l'insecte destructeur, c'est de pincer les boutons
qui contiennent des larves avant leur passage à
l'état de chrysalide, encore par là ne travaille-t-
on que pour les années suivantes.

RÉSUMÉ.

JE crois avoir suffisamment prouvé l'impor-
tance et l'utilité des produits du Genêt; je crois
avoir combattu, détruit les préjugés, adoptés
même par des botanistes, en mettant, à la place
de systèmes et de phrases brillantes, des vérités

positives, fondées sur des observations scrupuleuses, sur des méthodes de culture, d'industrie, de spéculation, qui peuvent avoir partout les mêmes résultats; mais avant de mettre fin à ce mémoire, je dois jeter un coup-d'œil rapide sur les faits que j'ai rassemblés, et rappeler en peu de mots toutes les ressources que cet arbrisseau généreux promet à ceux qui sauront en adopter la culture et lui donner la place qu'il recherche de préférence. C'est en négligeant ce qui peut le plus faire prospérer son domaine que l'on multiplie les mauvaises espèces de grains et de fruits. J'ai vu sur les rocs, jadis stériles, de *Sublaqueum* (41), de superbes forêts de chênes verts et de Genêts, et l'agriculture fleurir dans ce coin de terre si long-tems déserté. J'ai vu des terres à blé devenir stériles pour les avoir converties en mauvais vignobles. Telle est la force de cette vérité physique : il faut mettre chaque plante à sa place, et adapter à chaque lieu la culture qui lui convient. Mais toujours la soif de l'or égare les hommes, soit qu'ils résident dans les champs, soit qu'ils jouissent des honneurs éphémères de la société !

Toutes les espèces de Genêts réunissent les mêmes qualités; elles résistent généralement dans tous les climats à l'intensité de la chaleur, mais elles supportent avec peine les fortes gelées, et

---

(41) Aujourd'hui *Subbiaco*, ville de la campagne de Rome, sur le Tévérone, célèbre dans les annales de la typographie.

sur-tout les neiges qui se glacent. Dans les hivers mémorables de 1578, de 1687, de 1709, de 1789 et de 1795, tous les individus ont péri dans les environs de Boulogne sur mer (42) et dans les parties les plus septentrionales de la France.

Les plus mauvaises terres, les bancs de craie, les rochers les plus arides, les dunes les plus rebelles à la culture, et imprégnées de matières muriatiques, conviennent essentiellement au Genêt; il brave l'aridité et cette triste sécheresse qui se refuse à toute espèce de végétation; en un mot, il prospère et se perpétue avec constance là même où le bouleau nain (43) et le saule marsault ne pourraient se soutenir. Une fois semé, cet arbuste ne donne d'autre peine que celle d'arracher les pieds trop voisins les uns des autres, de les couper et de les porter aux bestiaux ou de les réduire en toile.

Comme ornement, le Genêt, par le nombre et la longue durée de ses fleurs, peut rivaliser avec toutes les plantes que l'on tire à grands frais des pays lointains.

Comme plante alimentaire, il offre à l'homme

---

(42) DUMONT-COURSET, *Bot. cultiv.* tom. III, p. 458.

(43) LINNÆUS fait mention de cet arbuste, qui se plaît sur les plus hautes montagnes de la Laponie, et n'exige presqu'aucun fond de terre. On obtient de ses feuilles une belle couleur jaune, et de ses chatons une espèce de cire. Les semences servent de nourriture aux lémings ou lemmars, petits quadrupèdes, que l'on appelle aussi *souris de montagne*, qui se trouvent par troupes sous le Pôle, et font de grandes émigrations jusques au-delà du golfe de Bothnie.

ses boutons pour être mangés en guise de câpres ; aux bestiaux une nourriture saine, abondante et toujours fraîche ; aux abeilles, il présente un calice odorant, et à la volaille, ses graines dont elle est très-friande.

Comme engrais, il est plus chaud que le fumier d'étable, même celui de brebis, et se consume aussi moins vite que tout autre. Les feuilles et les petits rameaux qui tombent du Genêt pendant les deux et troisième années, et les racines qui restent dans la terre après la coupe, contribuent singulièrement à l'amendement du sol. Ses branches, enfouies au moyen de la charrue, suppléent au fumier ; mises en fermentation avec la litière des moutons, elles en augmentent considérablement la masse. Le Genêt sec fait autant d'effet que le Genêt vert, quoique celui-ci soit toujours l'engrais le meilleur et le plus sûr.

Comme plante économique, on en fait des échalas et de la litière ; il remplace l'osier dont il a la force et la souplesse ; il diminue l'emploi et la consommation des bois de haute futaie, en fournissant les usines d'un combustible peu coûteux, en servant d'aliment au feu dont le calorique rend les rigueurs de l'hiver plus supportables, préserve de l'humidité dévorante, ôte aux fruits et aux viandes leur crudité et les rend d'une d'une digestion facile. Converti en toile, il remplace le linge et procure une étoffe assez bonne ; réduit en papier, il présente à l'ami absent les pensées de son ami, et à l'imprimerie, les moyens de transmettre sûrement à la postérité les sciences et les inventions utiles de notre tems. Les fleurs (et plus particulièrement celles de la Génestrole et de l'*orisel,* ou Genêt tinctorifère des Canaries) donnent une couleur jaune, et il n'est aucune de ses parties, depuis ses racines jusques aux sommités de ses branches, qui ne soit utile à l'art de guérir, ou, comme le dit HALLER, à la préparation des cuirs. Enfin, l'on a remarqué que les meilleurs beurres, ceux des environs de Laval et de Mayenne, de Saint-Malo et de Cancale en France, ceux de la Suisse et des *Cascine* de Pise en Toscane, se font dans les cantons où le Genêt est très-abondant.

Comme clôture, tous les Genêts, principalement ceux de l'espèce épineuse, sont très-utiles ; ils ont dès-lors une grande influence sur les récoltes, et peuvent contribuer à la longue prospérité de l'agriculture tout en augmentant les revenus des propriétaires.

Comme plante généreuse, le Genêt paie avec usure le peu de soin qu'il demande ; il convient pour resserrer et contenir à peu de frais le lit des torrens et des rivières ; il sert à mettre promptement en valeur les graviers qui couvrent leurs bords, en fixant le limon précieux que leurs eaux y déposent ; par l'abondance de sa filasse, la facilité de sa manipulation, il offre les moyens d'employer les enfans, les femmes, les vieillards et les infirmes ; d'introduire, dans les cantons les plus pauvres, des filatures, de fabriquer des étoffes à bas prix pour la classe indigente, et de bannir enfin la mendicité de toutes les contrées de l'Europe.

Ainsi, d'après cet exposé, quiconque est animé de l'amour du bien public et de son propre intérêt, mettra tout en œuvre pour faire naître à la classe nombreuse et respectable des agriculteurs la pensée d'essayer dans toutes les terres vagues et abandonnées la culture du Genêt; il combattra, par l'exemple, le honteux préjugé qui, semblable au géant *Adamastor,* que CAMOENS établit gardien du cap des tourmentes pour arrêter les Portugais dans leur entreprise hardie, vient toujours s'établir entre celui qui propose et celui qui exécute, entre le courage qui se dévoue et la confiance qui applaudit, pour ralentir et suspendre la marche rapide de l'humaine industrie, pour repousser une invention utile, une innovation nécessaire.

SUPPLÉMENT.

Pour donner à mes recherches un degré de plus d'intérèt, j'ai cru devoir ajouter ici trois notes essentielles. Dans l'une je donne la liste de tous les Genêts qui se trouvent en France, divisés en trois espèces, les Genêts garnis d'épines et les Genêts non épineux. Dans la seconde, je rapporte les différens articles publiés sur la culture ou les propriétés de ces différens arbrisseaux, tant séparément que dans les Mémoires des Sociétés savantes, ou dans les ouvrages périodiques. Dans la troisième, j'établis ou du moins j'essaye d'établir la synonymie des Genêts. Je sens bien que ces deux dernières notes ne seront pas aussi complètes qu'elles devraient l'ètre ; mais j'ai dû ne citer que les écrits et les noms qui me sont connus.

Espèces de Genêts que l'on trouve en France.

Lamarck et Decandolle (1) portent le nombre des espèces de Genêts qui croissent naturellement en France à dix-neuf, dont onze appartiennent à la division de ces arbrisseaux dite à rameaux non épineux, et huit à celle des Genêts aux rameaux épineux. Je vais transcrire leurs noms.

1° Genêts non épineux.

Genêt monosperme. — *Spartium monospermum.* — Fleurs blanches et odorantes.
* — à balais. — *S. scoparium.* — Fleurs jaunes.

---

(1) *Flore française*, tom. IV, p. 493 et suiv.

* Les plantes qui sont précédées de ce signe, se trouvent décrites dans cet Ouvrage.

Genêt griot ou purgatif. —*Genista purgans.* —Fleurs
    jaune-pâle.
* — des teinturiers. — *G. tinctoria.* — Fleurs jaunes.
  — à fleurs velues. — *G. pilosa.* — *Idem.*
  — gazonnant. — *G. humifusa.* — *Idem.*
* — à tige ailée. — *G. sagittalis.* — *Idem.*
* — cendré. — *G. florida.* — *Idem.*
  — jonciforme. — *G. juncea.* — *Idem.*
  — couché. — *G. prostrata.* — *Idem.*
* — triangulaire. — *G. triquetra.* — *Idem.*

2° GENÈTS ÉPINEUX.

Genêt spiniflore. —*Spartium scorpius.* —Fleurs jaunes.
* — d'Espagne. — *S. junceum.* — *Idem.*
  — très-épineux. —*S. horridum.* —Fleurs jaune-pâle.
* — d'Angleterre. — *Genista anglica.* — Fl. jaunes.
* — d'Allemagne. — *G. germanica.* — *Idem.*
  — de Lobel. — *G. Lobelii.* — *Idem.*
* Ajonc d'Europe. — *Ulex europæus.* — *Idem.*
* —— nain. — *U. eur.* β. — *Idem.*

A ces différentes espèces DESFONTAINES (2) en ajoute
d'autres que l'on cultive ou qui peuvent être cultivées en
pleine terre en France ; ce qui porte leur nombre à
trente-sept, dont vingt-cinq sans épines, et douze à
tiges épineuses, savoir :

1° A TIGES NON ÉPINEUSES.

Genêt blanchâtre. — *Genista candicans.* — Fl. jaunes.
* — de Sibérie. — *G. sibirica.* — *Idem.*
  — des Canaries. — *G. canariensis.* — *Idem.*

---

(2) Hist. des Arbres et Arbrisseaux, tom. II, p. 267—280.

*Genêt à fleurs blanches.—*G. alba.*—Fleurs blanches.
— rayonnant. — *G. radiata.* — Fleurs jaunes.
— à fruit rond. — *Spartium sphærocarpon.* — Fleurs jaunes.
— à tiges nombreuses. — *S. multicaule.* — *Idem.*
— soyeux. — *S. sericeum.* — *Idem.*
— odorant. — *S. nubigenum.* — Fleurs blanches.
— étalé. — *S. patens.* — Fleurs jaunes.
— effilé. — *S. virgatum.* — *Idem.*
— à petites fleurs. — *S. parviflorum.* — *Idem.*
— ombellé. — *S. umbellatum.* — *Idem.*
— à feuilles de lin. — *S. linifolium.* — *Idem.*

2°. A TIGES COUVERTES D'ÉPINES.

Genêt aspalat. — *Sp. aspalatoïdes.* — Fleurs jaunes.
— à grosses épines. — *S. ferox.* — *Idem.*
— laineux. — *S. lanigerum.* — *Idem.*
— de Crête. — *S. creticum.* — *Idem.*

Bibliographie du Genêt.

1. ANONYME.—*Vom oekonomischen gebrauch der stachlichten Gensts , oder der genista spinosa major* Bauhini.

Ce Mémoire, dans lequel on traite de l'emploi économique du Genêt épineux (*ulex europœus*, Lin.) que les Allemands appellent *gespeldorn*, et les Anglais *furze,* est inséré dans le premier vol. p. 459—464 du *Berlinischer Magazin.*

2. BAECK. (Abraham) — *Om spartii scoparii medicinska nytta.* Voyez le n° 18.

3. BARTALINI. (Biagio) — *Memoria sulla ginestrella, genista florida di* Linneo.

Ce Mémoire, imprimé en 1808, dans le tome IX des Actes de l'Académie des Sciences de Siena, plus célèbre sous le nom de *Accademia de' Fisiocritici*, renferme le détail des différens essais faits par le Professeur BARTALINI, pour utiliser le Genêt cendré qui croît spontanément dans l'une et l'autre province siennoise. Le nom de l'auteur, déjà très-avantageusement connu par plusieurs ouvrages importans sur l'histoire naturelle et l'emploi économique des plantes, rend ce morceau précieux à tous les amis des champs.

4. BOSC. (Louis) — *Voyez* le n° 20.

5. BROUSSONET. (P. M. Auguste) — *Observations sur la culture et les usages économiques du Genêt d'Espagne.*

Depuis long-tems ce Mémoire jouit d'une réputation distinguée et justement méritée. On le trouve dans le volume du trimestre d'automne, année 1785, p. 130 et suiv. des *Mémoires d'Agriculture, d'économie rurale et domestique, publiés par la Société royale d'Agriculture de Paris*, et dans le tome XXX, p. 294—298 du *Journal de Physique.*

6. CALVET. (Etienne) — *Mémoire sur l'ajonc ou Genêt épineux, considéré sous le rapport de fourrage, de l'amendement des terres stériles, et de supplément au bois.* Deuxième édition in-8°. Paris, 1809.

L'auteur de ce Mémoire, connu par plusieurs écrits sur la culture des arbres, traite d'abord de la nature du Genêt épineux et de ses variétés; il s'occupe ensuite de sa culture et de ses usages; enfin il dit les avantages que l'on peut en retirer. On le suit avec plaisir dans sa marche, mais on doit sans doute regretter qu'il lui soit échappé une erreur grave. Il avance (p. 19) : « Que cette plante précieuse a l'avantage de résister dans tous les climats à l'intensité de la chaleur et du froid; qu'on la voit prospé-

» rer sous l'équateur, comme dans les glaces du nord.»
L'expérience a démontré et démontre assez souvent
encore que si les plus grandes chaleurs ne peuvent
nuire à sa végétation, les fortes gelées et sur-tout
les neiges qui se glacent lui font au contraire un
tort très-sensible. Ses tiges nombreuses, qui sont
généralement très-vertes en tout tems, jaunissent et
périssent presque toutes au nord de la France, dans
les hivers rigoureux. Ils endommagent même quelquefois jusques à ses racines, mais ordinairement elles
se conservent saines; dans ce dernier cas seulement,
pour réparer le mal de la mauvaise saison, il faut au
printems suivant couper toutes les branches.

7. CRETTÉ DE PALLUEL. — Sur le Genêt épineux.

Dans le *Traité sur les prairies artificielles* que ce
cultivateur nous a laissé, l'on trouve, pag. 116 à 120
de l'édition in-8ª, Paris, an IX (1801) un article fort
intéressant sur cette plante utile.

8. DE MUSSET. (V.) — Voyez au n° 20.

9. DESFONTAINES. (Réné) — *Histoire des arbres et arbrisseaux qui peuvent être cultivés en pleine terre sur
le sol de la France.* Deux vol. in-8°. Paris, 1809.

Les articles relatifs aux différentes espèces de Genêts
sont dans le tome second, pag. 266—280.

10. DUHAMEL DU MONCEAU. — *Traité des arbres et arbustes qui se cultivent en France en pleine terre.* Deux
vol. in-4°. Paris, 1755.

On trouve, tome I, pag. 261—264, et tome II,
pag. 275 et 276, tout ce qui concerne le Genêt dans
cet ouvrage.

11. DUMONT-COURSET. —*Le Botaniste cultivateur.* Cinq
vol. in-8°. Paris, an x. (1802.)

Ce livre, devenu classique, est le meilleur guide
que l'on puisse suivre pour la culture de la plus grande

partie des plantes étrangères, naturalisées et indigènes, cultivées en France et en Angleterre. On
trouve au tome III, pag. 450 et 454—459, tout ce
qui est relatif au Genêt et à l'ajonc.

12. FRANÇOIS DE NEUFCHATEAU. (Nicolas) — *Mémoire
sur le profit que l'agriculture peut tirer du Genêt
commun ou Genêt à balais, dont les semences se
recueillent en juin, juillet et août.*

Ce Mémoire lu à la Société d'Agriculture du département de la Seine en juin 1806, et inséré dans ses
actes, se trouve aussi dans le *Moniteur* de cette époque. L'auteur s'occupe sur-tout à faire connaître
l'emploi du Genêt chez les Belges et les Flamands,
chez qui l'on peut dire qu'existe la véritable école
d'agriculture pratique.

13. FRÉDÉRIC II. — Instruction adressée aux Prussiens,
sur la culture et les avantages du Genêt à balais.

Après avoir satisfait son ambition démésurée,
après avoir sacrifié toutes les économies de son père
et prédécesseur, et détruit une partie de la population
qu'il avait acquise, ce prince sentit que l'agriculture
pouvait seule assurer sa puissance; il s'occupa dès-
lors de ce premier des arts avec ardeur, avec cette
volonté ferme, cette constance qui créent de grandes
choses. Le premier acte de ce retour vers les plus
chers intérêts de ses peuples fut l'instruction que
j'indique. On remarque avec quelque plaisir sa date;
elle est de 1758, c'est-à-dire du milieu de cette guerre
malheureusement célèbre dite de sept ans.

14. GHERARDI. (P. don Bononio) — *Sopra la ginestra
chiamata da Linneo spartium junceum, e suoi usi.*

Dans ce Mémoire l'auteur considère l'humble arbrisseau, comme l'appelle VIRGILE : *Humiles genistæ*
(Georg. II, 434), non-seulement sous le rapport
de sa culture qui présente tant d'avantages, mais

encore sous celui de sa macération et de l'emploi de sa filasse. Il établit pour principe essentiel de culture la nécessité de semer en octobre, de préférence à l'usage adopté de le faire en janvier. Cette excellente instruction est insérée dans le second volume des *atti della R. Società economica di Firenze,* dite *de' Georgofili,* célèbre et ancienne Société d'agriculture encore existante à Florence.

15. Juge de Saint-Martin. — *Notice des arbres et arbustes qui croissent naturellement, ou qui peuvent être élevés en pleine terre dans le Limousin.* Un volume in-8°. Limoges, 1790.

Ce catalogue raisonné prouve que l'idée la plus simple devient entre les mains d'un homme éclairé par l'expérience une source précieuse d'avantages et d'instructions. Les articles sur le Genêt d'Espagne et le Genêt épineux embrassent et leur culture et leurs différens usages.

16. Miller. (Philip.) — *The Gardener Dictionary,* 8e édition. Six vol. in-4°. London, 1784.

Ce Dictionnaire, tout incorrect qu'il peut être, est le premier où les plantes aient été traitées par un véritable agronome ; aussi le distinguera-t-on toujours parmi cette foule d'ouvrages qu'il a fait naître. Il fut le fruit de quarante années d'expériences faites par l'auteur même. En 1785, ce Dictionnaire a été traduit en français et publié au nombre de 10 vol. in-4°, y compris les deux volumes de supplément donnés par De-Chazelles. Dans l'édition de Paris, les articles sur les différentes espèces de Genêt sont disséminés dans les volumes III, pag. 428 et suiv., VIII, pag. 209—211, et IX, pag. 538—540.

17. Odhelius. (Jos. Lor.) — *Om spartium scoparium, til dess medicinska egenskap.*

Ce médecin a fait un heureux emploi du Genêt à

balais contre la fièvre catarrhale épidémique qui surprit l'armée suédoise en 1755. Il en rend compte dans cette notice que l'on trouve insérée dans le tome XXIII, pages 81—83 des *Kongl. vetenskaps Academiens Handlingar*, in-8°. Stockholm, 1762.

18. Osbeck (Pehr) and *Abraham* Baeck. — *Angæende svenska Aerte-Busken spartium scoparium.*

Le détail des expériences faites par ces deux médecins sur le Genêt à balais, est inséré dans les Mémoires de la même Académie, année 1765, t. XXVI, pag. 232—236.

19. Reynier. — *Notice sur le Genêt de* Haller.

Elle est insérée dans le premier volume, pag. 211 des *Mémoires pour l'histoire naturelle de la Suisse.*

L'espèce de Genêt que ce naturaliste décrit est la même que celle désignée par de Lamarck (*Dict. de Botan.*, tom. II, pag. 618), sous le nom de Genêt couché, *génista prostrata*, et par Haller (*Hist. stirp. indig. Helvet.*, n° 355), sous celui de *génista decumbens*.

20. Rozier. — *Cours complet d'Agriculture théorique, pratique, économique et de médecine rurale et vétérinaire.* Dix vol. in-4°. Paris, 1793.

Dans le cinquième volume, pag. 244—251, l'auteur s'occupe de tout ce qui a rapport au Genêt et à ses principales espèces.

Cet ouvrage, dépositaire de toutes les connaissances que suppose et qu'exige le premier de tous les arts, qui prépara les nombreux succès de toutes les parties de l'économie rurale, vient (en 1809) de donner naissance à deux Cours complets d'Agriculture. L'un, en six volumes in-8°, rejette les objets de pure spéculation, les systèmes, les hypothèses de la théorie comme peu adaptés au génie et aux occupations des cultivateurs, et se borne presqu'exclusivement à l'expérience et à la pratique. L'autre en 12 volumes in-8° ne néglige pas la théorie, parce que sans elle, disent les rédacteurs, le praticien ne sera jamais qu'un manœuvre enfoncé dans une routine ignorante et obscure ; en effet, la pratique éclaire sa marche, soutient ses observations et lui assure des succès solides. De la réunion de ces deux ouvrages il en résulterait un excellent Traité d'Agriculture.

Dans le premier, l'article Genêt, tom. III, pag. 557—560, est traité par M. V. DE MUSSET-PATHAY, et celui du jonc-marin, tome IV, pag. 252 et suiv., l'est par M. TOLLARD aîné, tous deux connus par d'excellens écrits, et par d'utiles travaux.

Dans le second, tout ce qui est relatif au Genêt épineux et à celui privé d'épines, est rédigé par M. L. BOSC, membre de l'Institut, que ses voyages et ses vastes connaissances rendent cher aux amis des champs et des sciences naturelles.

21. TESSIER (H. Alex.).—*Sur le jonc-marin*, ulex europæus, *cultivé et aménagé comme combustible.*

Très-bon Mémoire que l'auteur a inséré dans le tome III, pag. 73—82, des *Annales de l'agriculture française*, qu'il rédige depuis plusieurs années à la grande satisfaction des cultivateurs.

22. THOREL. — *Observations sur la maladie qui attaque quelquefois les moutons qui ont mangé du Genêt d'Espagne.*

On les trouve, pag. 137—144 du volume automne 1785 des Mémoires de la Société d'agriculture de Paris, à la suite de celles de BROUSSONET, V. n° 5.

23. THYS (Isfride). — Mémoire relatif aux défrichemens et à la culture des landes, terres vagues et

incultes de la mairie de Bois-le-Duc en Hollande. Un vol. in-8°. Malines, 1792.

Cet ouvrage est écrit en flamand. Dans le VII° chapitre l'auteur parle avec détail du Genêt commun, de son engrais et de ses divers avantages.

24. TOLLARD (aîné). — Voyez au n° 20.

25. TROMBELLI (Joan. Chrysost.). — *De tela ex genistarum corticibus confecta.*

Ce Mémoire curieux est inséré dans le tom. IV, pag. 349—352, *de Bononiensi scientiarum et artium Instituto atque Acad. Commentarii,* in-4°. *Bononiæ,* 1755.

— *Epistola ad Fr. Mariam Zanottum , qua respondetur quærenti, an in multis Italiæ locis filum ex genista ad telas contexendas conficiatur.*

Cette lettre que l'on doit regarder comme le complément du Mémoire ci-dessus, se trouve pag. 118 du VI° volume des actes de la même Académie.

26. VENTENAT (Et. Pierre). — *Description des plantes nouvelles et peu connues , cultivées dans le jardin de* J. M. Cels. Un vol. *in-fol.* Paris, an VIII (1800).

A la page 87 il donne la description du Genêt à petites fleurs (*spartium parviflorum*). Ce petit arbrisseau semble se rapprocher par ses rameaux trigônes du *ginestra triquetra,* dont j'ai parlé, p. 38 ; mais il s'en distingue aisément. Ses tiges sont droites, ses rameaux glabres, ses feuilles plus écartées, ses fleurs plus petites et d'un jaune beaucoup plus vif ; il passe l'hiver dans l'orangerie et fleurit sur la fin de l'été.

— *Choix de Plantes dont la plupart sont cultivées dans le jardin de* J. M. Cels. Un vol. *in-fol.* Paris, an XI (1803.)

Dans cet ouvrage, aussi précieux que le précédent par le travail du célèbre botaniste que par celui de l'artiste à qui les gravures étaient confiées, on trouve, pag. 17, la description du Genêt soyeux, (*spartium sericeum*). Cet arbrisseau, provenant de Mangalor, fut envoyé au jardinier de Mont-Rouge, par BROUSSONET; ses feuilles soyeuses et argentées, et ses fleurs d'un jaune doré, presque disposées en ombelle, lui méritent une place distinguée dans les jardins paysagers.

27. WARK (David). — *An account of the use of furze in fencing the banks of rivers.*

Dans cette lettre, écrite le 8 janvier 1761, à STEPHEN HALES, l'auteur donne à connaître l'usage que l'on fait en Angleterre du Genêt épineux pour défendre les bords des rivières; elle est insérée tome LII, pag. 1, des *Philosophical Transactions of the royal Society of London.*

28. WILLEMET (P. Remi). — *Utilité et usage des différentes espèces de Genêt.*

Article de la *Phytographie encyclopédique de l'ancienne Lorraine,* in-8°, Nanci, 1805, que l'on trouve inséré dans la *Feuille du Cultivateur,* tom. 5, pag. 86—90.

La première édition de cet excellent ouvrage, couronné, en 1779, par l'Académie de Nanci, parut in-8° dans cette même ville, en 1780. La nouvelle édition est considérablement augmentée.

29. YVARD. — *Mémoire sur les végétaux qui croissent sans culture dans la généralité de Paris, et qui four*

*nissent des parties utiles à l'art du cordier et à celui
du tisserand.*

Ce Mémoire, dans lequel l'auteur s'occupe longue-
ment du Genêt, est inséré dans le volume du trimestre d'été, année 1788, des Mémoires de la Société
d'agriculture de Paris, pag. 85—194.

Synonymie du Genêt.

Ajonc d'Europe. — *Ulex europœus,* α.
—— nain. — *U. europœus,* β
Arjalas. — *Spartium scorpius.*
Aspalathus secundus, seu alter. — *Ibid.*
Bois de cire. — *Genista tinctoria.*
Bois-Jean. — *U. europœus,* α.
Bois vert. — *G. tinctoria.*
Bonnet de cocu. — *Ibid.*
Brane. — *S. scoparium.*
Broom. — *Ibid.*
Brusque. — *U. europœus,* α.
Chamægenista caule foliato. — *G. tridentata.*
———— montana. — *G. pilosa.*
———— peregrina. — *G. tridentata.*
———— prima. — *G. pilosa.*
———— sagittalis. — *G. sagittalis.*
Chamæspartium. — *Ibid.*
Cytiso-genista scoparia. — *S. scoparium.*
Cytisus lusitanicus. — *G. alba.*
——— monspessulanus. — *G. candicans.*
——— sylvestris candicans. — *Ibid.*
Dier's-Broom. — *G. tinctoria.*
Furze. — *U. europœus,* α.
Genesto. — *G. florida.*

Genestrelle. — *G. tinctoria.*
Genestrole. — *Ibid.*
Genêt à balais. — *S. scoparium.*
——— à bouquets. — *G. florida.*
——— à feuilles de lin. — *S. linifolium.*
——— ——— de millepertuis. — *G. pilosa.*
——— ——— de renouée. — *Ibid.*
——— à fleurs blanches. — *G. alba.*
——— ——— doubles. —*S. junceum.* (variété **du**)
——— velues. — *G. pilosa.*
——— à fruit rond. — *S. sphærocarpon.*
——— à grosses épines. — *S. ferox.*
——— à petites fleurs. — *S. parviflorum.*
——— aspalat. — *S. aspalatoïdes.*
——— à tige ailée. — *G. sagittalis.*
——— à tiges nombreuses. — *S. multicaule.*
——— blanc. — *U. europæus,* **α.**
——— blanchâtre. — *G. candicans.*
——— cendré. — *G. florida.*
——— commun. — *S. scoparium.*
——— corrudoïde. — *S. junceum.*
——— couché. — *G. prostrata.*
——— d'Afrique. — *S. aspalatoïdes.*
——— d'Allemagne. — *G. germanica.*
——— d'Angleterre. — *G. anglica.*
——— de Crête. — *S. creticum.*
——— de Haller. — *G. prostrata.*
——— de Lobel. — *G. Lobelii.*
——— des Canaries. — *G. canariensis.*
——— de Sibérie. — *G. sibirica.*
——— d'Espagne. — *S. junceum.*
——— des teinturiers. — *G. tinctoria.*
——— effilé. — *S. virgatum.*
——— épine fleurie. — *S. scorpius.*
——— épineux. — *U. europæus,* **α.**
——— étalé. — *S. patens.*
——— filiforme. — *S. sepiarium.*

Genêt fleuri. — *G. florida.*
—— gazonnant. — *G. humifusa.*
—— griot. — *G. purgans.*
—— herbacé. — *G. sagittalis.*
—— jonciforme. — *G. juncea.*
—— laineux. — *S. lanigerum.*
—— monosperme. — *S. monospermum.*
—— multiflore. — *G. alba.*
—— odorant. — *S. nubigenum.*
—— ombellé. — *S. umbellatum.*
—— piquant. — *U. europœus,* α.
—— purgatif. — *G. purgans.*
—— rayonnant. — *G. radiata.*
—— sauvage. — *S. scoparium.*
—— soyeux. — *S. sericeum.*
—— spiniflore. — *S. scorpius.*
—— très-épineux. — *G. lusitanica.*
—— triangulaire. — *G. triquetra.*
—— trigône. — *Ibid.*
Genette. — *G. tinctoria.*
Genista. — *S. scoparium.*
—— aculeata foliosa. — *G. germanica.*
—— æthiopica. — *S. sepiarium.*
—— angulosa. — *S. scoparium.*
—— decumbens. — *G. prostrata.*
—— defoliata. — *S. monospermum.*
—— herbacea. — *G. sagittalis.*
—— hirsuta. — *S. scoparium.*
—— hispanica. — *S. junceum.*
—— horrida. — *G. lusitanica.*
—— humilis. — *S. multicaule.*
—— ilvensis. — *S. radiatum.*
—— juncea hispanica. — *S. junceum.*
—— minima. — *G. pilosa.*
—— minor. — *G. anglica.*
—— narbonensis. — *S. junceum.*
—— odorata. — *G. juncea.*

Grand Genêt. — *S. scoparium.*
Griot. — *G. purgans.*
Guayapin. — *G. anglica.*
Herbe à jaunir. — *G. tinctoria.*
Herbe à fourrage. — *U. europœus*, **α.**
—— aux teintures. — *G. tinctoria.*
—— de pâturage. — *Ibid.*
Houx (petit). — *G. anglica.*
Jau ou jean marin et jonc marin. — *U. europœus*, **α.**
Jonc d'Espagne. — *Ibid.*
Lande ou landier. — *Ibid.*
Petit Genêt. — *G. tinctoriá.*
—— —— d'Angleterre. — *G. anglica.*
Petit houx à jonc. — *U. europœus*, **α.**
Piquet. — *Ibid.*
Rusque. — *Ibid.*
Sainfoin d'Espagne. — *Ibid.*
—— d'hiver. — *Ibid.*
Scoparia vulgaris, flore luteo. — *S. scoparium.*
Scopiglioni. — *G. candicans.*
Scornabecco. — *S. scoparium.*
Scorpius primus. — *U. europœus*, **α.**
—— secundus. — *G. lusitanica.*
—— spinosus. — *G. germanica.*
Spartium aphyllum. — *S. virgatum.*
—— arborescens. — *S. junceum.*
—— capense. — *S. sepiarium.*
—— decumbens. — *G. prostrata.*
—— dioscorideum. — *S. junceum.*
—— hispanicum flore luteo. — *Ibid.*
—— flore albo. — *G. alba.*
—— horridum. — *G. lusitanica.*
—— narbonense. — *S. junceum.*
—— officinalis. — *S. scoparium.*
—— orientale. — *G. angulata.*
—— secundum flore albo. — *S. nubigenum.*
—— tertium flore albo. — *S. monospermum*

Spartium triphyllon. — *G. radiata.*
Stecchi. — *G. florida.*
Tinctorius flos. — *G. tinctoria.*
Ulex autumnalis. — *U. europæus*, β.
—— grandiflorus. — *U. europæus*, α.
—— humilis. — *U. europæus*, β.
—— nanus. — *Ibid.*
—— parviflorus. — *Ibid.*
—— vernalis. — *U. europæus*, α.
Vigneau et vigne sauvage. — *Ibid.*
Whins. — *Ibid.*
Woodwesh. — *G. tinctoria.*

FIN.

ERRATA.

Page 34, lig. 7, puissent, *lisez :* puisse.
— 74, — 4, trois, *lisez :* deux.

TABLE

DES MATIÈRES.

FIN DE LA TABLE.

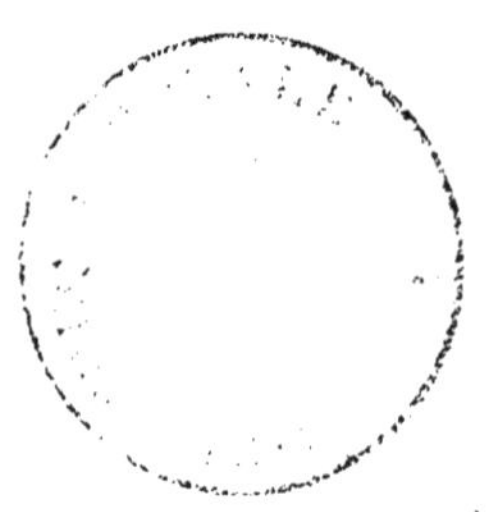

www.ingramcontent.com/pod-product-compliance
Ingram Content Group UK Ltd.
Pitfield, Milton Keynes, MK11 3LW, UK
UKHW031833170726
13836UKWH00004B/1659